三华油茶栽培实用技术

谭晓风　袁军◎编著

中国林业出版社

图书在版编目(CIP)数据

三华油茶栽培实用技术 / 谭晓风，袁军编著. -- 北京：中国林业出版社，2022.3
ISBN 978-7-5219-1489-4

Ⅰ. ①三… Ⅱ. ①谭… ②袁… Ⅲ. ①油茶－栽培技术 Ⅳ. ①S794.4

中国版本图书馆CIP数据核（2021）第281116号

责任编辑：李敏　王美琪

出版　中国林业出版社（100009　北京市西城区刘海胡同 7 号）
http://www.forestry.gov.cn/lycb.html　　电话：（010）83143575、83143845
印刷　河北京平诚乾印刷有限公司
版次　2022 年 3 月第 1 版
印次　2022 年 3 月第 1 次印刷
开本　880mm × 1230mm　1/32
印张　3
字数　113 千字
定价　35.00 元

本书编写委员会

主　任：李志勇

副主任：邓绍宏　李建安

委　员：

胡东兵（长沙市林业局）；　　唐　辉（株洲市林业局）

梁瑞军（衡阳市林业局）；　　刘西苑（邵阳市林业局）

李　华（永州市林业局）；　　吴秀忠（湘西州林业局）

丁建国（怀化市林业局）；　　潘升水（浏阳市林业局）

何建颖（湖南大三湘茶油股份有限公司）

罗　刚（株洲市地杰现代农业有限责任公司）

李乐文（茶陵县二铺苗圃）

李珠平（株洲市同兴林业有限公司）

陈太山（湖南山哺园林苗木有限责任公司）

郭建强（茶陵县众森林业科技有限公司）

李立剑（邵东黄草坪国有油茶林场）

李玉平（湖南天球三华油茶科技有限公司）

刘海波（邵阳县现代农业科技示范有限责任公司）

刘宏辉（永州市永丰农业科技开发有限公司）

刘全丰（花垣永丰农业科技有限公司）

卢世魁（湖南大果油茶研究院有限公司）

编著者：谭晓风　袁　军

序言

油茶是我国特有的食用油料树种，茶油是全球最优质的食用植物油之一。党中央、国务院将油茶产业纳入国家粮油安全战略大局中统筹支持，高位助推油茶产业发展，全国将迎来新一轮的油茶产业高质量发展。

众所周知，油茶产业的高质量发展首先需要优良品种的支撑。中南林业科技大学谭晓风教授团队培育的‘华金’‘华鑫’和‘华硕’等3个国家级审定品种被广大农民统称为三华油茶，具有果实大、产量高、品质好、抗逆强等特点，适合现代油茶产业发展的趋势，得到各油茶产区、产业界人十的高度肯定，被油茶界人士称为油杀良种中的“超级稻”。

2018年10月，应湖南省林业厅的邀请，我组织并参加了三华油茶的现场测产，测产结果表明：‘华金’‘华鑫’和‘华硕’等3个品种的茶油亩产量分别达到67.0kg（由于采收过晚，绝大部分已经落果，实测产量比实际产量低）、97.8kg和82.4kg。

谭晓风教授团队对三华油茶的生物学特征、生物学特性、生态习性、经济性状都研究很透彻，构建的三华油茶轻基质育苗技术体系、栽培技术体系也很系统、完善，其创新成果为三华油茶的大规模推广奠定了坚实的基础。

《三华油茶栽培实用技术》一书结构合理、技术体系完善、文字简练、图文并茂、通俗易懂。相信该书的出版发行，将有力推动三华油茶的推广应用，为我国的油茶产业高质量发展作出新贡献。

中国工程院院士、南京林业大学原校长

2021年12月

前　言

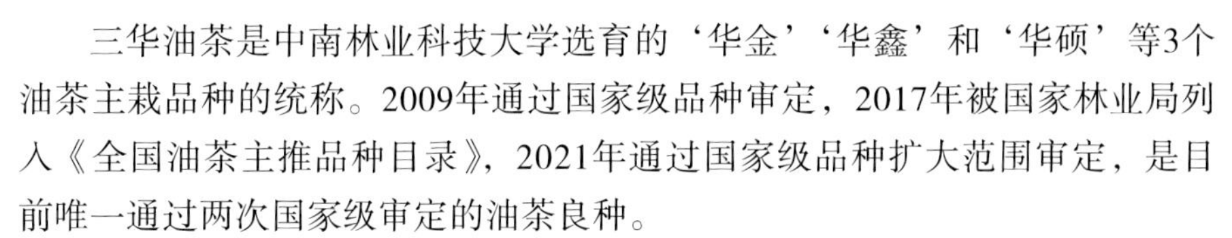

三华油茶是中南林业科技大学选育的‘华金’‘华鑫’和‘华硕’等3个油茶主栽品种的统称。2009年通过国家级品种审定，2017年被国家林业局列入《全国油茶主推品种目录》，2021年通过国家级品种扩大范围审定，是目前唯一通过两次国家级审定的油茶良种。

三华油茶具有果实大、识别易、结实早、产量高、稳产性能好、适应性强的特点，还有品种配置简单、人工采收成本低、适合机械化采收、适应现代化和轻简化栽培、栽培技术体系健全完善的技术配套优势，被广大油茶种植户誉为油茶中的“超级稻”。

三华油茶的培育经历了30多年漫长的选育、示范和推广应用过程。现已在湖南、江西、广西、湖北、贵州、河南、广东、四川、重庆等省（自治区、直辖市）广为栽培，受到广大油茶种植户和企业的欢迎与关注。以三华油茶品种选育为主的研究成果“大果型高产油茶新品种的选育与推广应用”和“油茶产业现代化关键技术创新与应用”分别于2019年获得湖南省科技进步一等奖，2020年获梁希林业科技进步一等奖。

为了满足广大林农和企业种植三华油茶的积极性以及从事油茶的技术人员和行政管理人员指导三华油茶产业发展的需要，推动三华油茶在全国油茶产区的快速发展，推进我国油茶产业高质量发展的进程，我们编写了《三华油茶栽培实用技术》一书。

在三华油茶的选育过程中，得到国家林业和草原局、湖南省林业局等主管部门的大力支持和帮助；在三华油茶的示范推广过程中，得到湖南、江西、广西、广东、湖北、河南、贵州、四川、重庆等省（自治区、直辖市）相关部门的支持和帮助；在三华油茶产量现场测产过程中得到曹福亮院士的指导和帮助；在三华油茶基地建设中得到张守攻院士的指导和帮助；在三华油茶成果评价过程中，得到尹伟伦院士、曹福亮院士及国内一大批林业专家的指导和帮助。吴义强院士长期以来对三华油茶的选育和示范推广给予莫大的关心和支持，曹福亮院士还为本书作序；在此，一并表示衷心的感谢！

中南林业科技大学党委行政对三华油茶的选育和推广应用给予了各方面的支持和帮助。李建安教授、袁德义教授、张琳教授、曾艳玲教授、邹锋教授、李泽副教授、周俊琴讲师、吴玲利讲师等为三华油茶选育和示范推广作出了很大贡献。谭晓风指导的数十名博士、硕士研究生参与了三华油茶生物学特性、茶油品质、轻基质容器育苗、品种配置、栽培技术等方面的系列研究工作。可以说，《三华油茶栽培实用技术》一书是全体相关工作人员的共同作品，书中的所有数据、照片全都是本团队人员的研究成果。在此，对本团队人员付出的辛勤劳动表示衷心的感谢和崇高的敬意！

感谢中南林业科技大学林学一级学科、湖南大三湘油茶股份有限公司等为本书的出版提供了出版费用。

本书第一章、第三章和第六章为谭晓风教授编写，第二章、第四章和第五章为袁军教授编写。

《三华油茶栽培实用技术》一书是第一次编写，且成稿较为仓促，不当之处，请读者批评指正，以便再版时修正。

谭晓风
2021年12月

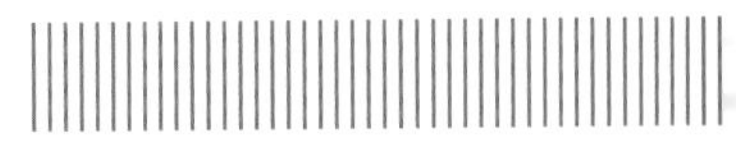

目　录

第一章 生物学特性

三华油茶是我国油茶（*Camellia oleifera* Abel）主要栽培品种。无论是树形、树姿，还是果实性状，都有明显区别于其他品种的清晰可辨的表型特征，野外识别非常容易。

树高：‘华金’约3.0m，‘华鑫’约2.7m，‘华硕’约2.4m。冠幅：‘华金’约2.5m，‘华鑫’约2.7m，‘华硕’约2.6m。树形：‘华金’为圆锥形（图1–1），枝叶浓密；‘华鑫’为伞形，枝叶较密（图1–2）；‘华硕’为稀疏分层形，枝叶稀疏（图1–3）。树姿：‘华金’为直立，分枝角度一般小于30°；‘华鑫’为半开张，分枝角度约为45°；‘华硕’为开张，分枝角度一般大于75°。

图1–1 ‘华金’树形

图1–2 ‘华鑫’树形

图1-3 ‘华硕’树形

花瓣颜色：均为白色；花瓣形状：均为倒卵形；花瓣数量：‘华金’和‘华硕’5~8瓣，‘华鑫’5~9瓣。雄蕊平均数：‘华金’174个，‘华鑫’151个，‘华硕’123个；柱头：均为4~5裂（图1-4~图1-6）。

图1-4 ‘华金’花朵

图1-5 ‘华鑫’花朵

图1-6 ‘华硕’花朵

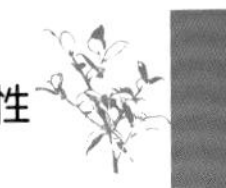

果实形状：‘华金’为梨形，果顶多有“人”字形凹槽，果熟时裂果；‘华鑫’球形，果面有凸棱，果顶有凹槽，果熟时裂果；‘华硕’为橘形，果面有棱或无棱，果顶凹陷，有5条凹槽，果熟不裂果。果实颜色：‘华金’果皮为绿色，有光泽；‘华鑫’果皮为红色，有光泽；‘华硕’果皮为青色，粗糙，有褐色麻斑（图1-7～图1-9）。

图1-7 ‘华金’果序

图1-8 ‘华鑫’果序

图1-9 ‘华硕’果序

一、生命周期

三华油茶的生命周期与一般油茶品种类似，主要划分为以下几个阶段：

（一）苗木阶段（营养生长期）

三华油茶均采用芽苗砧嫁接繁殖（见第二章）。苗木阶段约3年，全阶段为营养生长阶段。过去主要推广2年生苗木造林，但进入盛果期所需时间长。现在普遍推广3年生苗木，可提早2年进入盛果期。

（二）幼龄阶段（始果期）

苗木造林到盛果期前，2年生苗木造林一般经历6～7年，3年生苗木造林一般经历4～5年，以营养生长为主，有部分结实。三华油茶品种始果期早，2年生苗木栽后第二年50%以上可以结果，第三年100%结果。

（三）成龄阶段（盛果期）

3年生三华油茶良种壮苗造林，第5年或第6年就可进入盛果期，以生殖生长为主，亩产茶油可达50kg，持续时间可达50年以上。

（四）老龄阶段（衰老更新期）

造林60年以后，树体开始老化，结果量逐年减少，直至衰老死亡。进入老林阶段因管理水平存在较大差异，经营水平高，100年以后仍然可以获得较高产量。

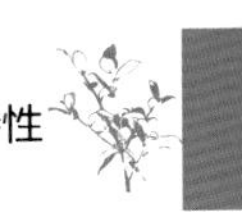

二、物候

油茶从春季到冬季要经历叶芽萌动与枝梢生长、果实膨大与果实成熟、花芽分化与开花坐果等过程。三华油茶因品种不同而存在一定差异，但各品种的物候期存在类似的规律性，均以‘华金’最早、‘华鑫’次之、‘华硕’最晚（图1–10～图1–12）。

图1–10 油茶物候——萌芽与幼果膨大生长（‘华金’）

图1–11 油茶物候——开花（‘华鑫’）

图1–12 油茶物候——果实成熟（‘华鑫’）

三、芽发育

根据芽的着生部位，可将油茶的芽分为顶芽和腋芽，顶芽着生在小枝的顶端，腋芽着生在叶腋处。根据芽的分化结果，可将油茶的芽分为花芽和叶芽。花芽粗圆，腋芽细扁；花芽发育为花朵，开花结果；叶芽发育为枝梢，抽枝展叶（图1–13）。

图1–13 ‘华金’的花芽和腋芽

四、营养生长

三华油茶都是培育主干型，随着树体年龄的增大，树高逐年增高，树干逐年增粗。成龄阶段树高基本停止生长；进入老龄阶段后，树干则停止增粗（图1–14）。

图1–14 油茶树体

枝叶生长每年进行。枝梢由叶芽发展而来。油茶苗木或幼龄树一年可抽梢3次，即春梢、夏梢和秋梢。春梢一般在3月下旬或4月上旬抽发，‘华金’抽发最早，‘华鑫’抽发随后，‘华硕’抽发最晚。夏梢一般在6月中旬至下旬抽发，秋梢一般在9月中下旬抽发（图1–15）。

图1–15 油茶春梢生长（‘华金’）

五、开花坐果

油茶的开花结果来源于油茶的花芽分化。每年春梢生长结束之后（一般在6月上旬）开始花芽分化，多数到8月底分化完毕。

正常年份，在湖南中部地区，‘华金’在10月中旬、‘华鑫’在10月下旬、‘华硕’在11月上旬迎来初花期。3个品种盛花期和末花期出现时间的顺序也与初花期相似，盛花期开始时间从早到晚依次为10月底、11月上旬、11月中旬，各品种的盛花期均持续约20天。

图1–16 油茶的虫媒花特性

油茶属虫媒花，依靠昆虫传粉。晴朗温暖的天气有利于昆虫的出没与传粉，往往油茶坐果率高，翌年油茶产量高；阴雨寒冷的天气影响昆虫的出没与传粉，油茶坐果率低，翌年油茶产量比较低（图1–16）。

油茶雌蕊授粉后，在雌花柱头萌发，花粉管逐渐向下延长生长，一般在72小时内到达子房，完成受精，形成幼小果实。幼果形成后，恰遇冬季寒冷天气，幼果停止膨大生长（图1–17 ~ 图1–19）。

三华油茶的异花授粉坐果率都在56%以上，其中‘华硕’最高，达86%以上。‘华硕’自花授粉坐果率也很高，可达41%。三华油茶果序丛生性比较强，‘华硕’最强，‘华鑫’次之，‘华金’又次之（图1–20）。

图1-17 ‘华金’幼果

图1-18 ‘华鑫’幼果

图1-19 ‘华硕’幼果

图1-20 ‘华硕’果枝

六、果实膨大生长

第二年3～5月，油茶幼果开始膨大生长。‘华金’进入幼果膨大期最早，然后是‘华鑫’,‘华硕’进入幼果膨大期最晚。

‘华金’纵径快速增长在7月上旬截止，横径快速增长在8月中旬截止；‘华鑫’的纵径和横径的增长均在8月初截止；‘华硕’纵径快速增长在9月中旬截止，第一次横径快速增长在8月中旬截止，第二次横径增长可持续到10月初（图1-21）。

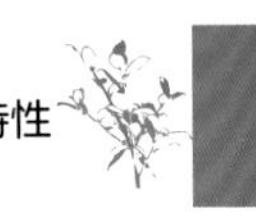

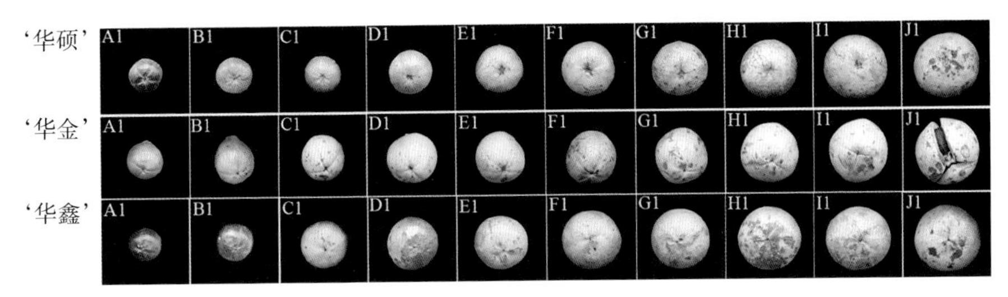

图1-21 三华油茶果实发育过程

七、种子发育

油茶种子发育过程中，种皮由白变黄再逐渐变黑，由软逐渐变硬。种子随着果实一起逐渐膨大，直至成熟（图1-22）。

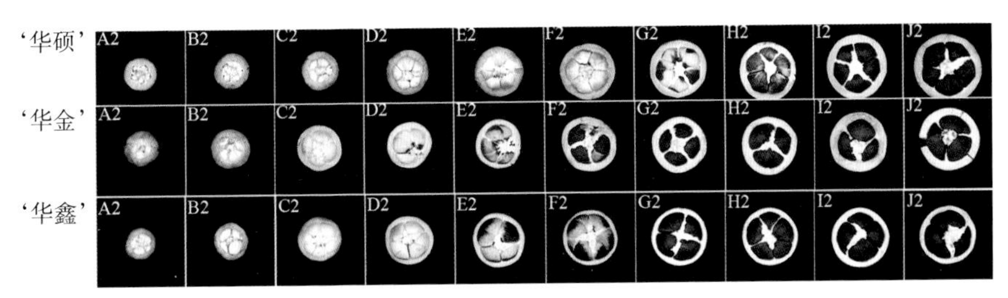

图1-22 三华油茶种子发育过程

3～5月，油茶种子发育初期，种子由种皮和胚乳构成。种皮由多层整齐而密集排列的细胞组成，细胞最小且有明显分界。胚乳位于种皮内部，由多层排列整齐的密集细胞构成，形成一个封闭的环状，细胞大小中等。合子位于胚乳内部，是紧贴胚乳细胞的一层细胞，排列整齐，细胞比胚乳细胞小，但比种皮细胞大。而液泡由多层形状不规则的细胞组成，细胞松散，排列不整齐，细胞最大。3～5月发育主要集中在胚乳的发育和种皮的扩张。3月中旬，‘华金’和‘华鑫’的胚乳已经先后开始发育扩张，而‘华硕’在3月尚未开始发育。直至5月中旬,3个品种均尚未出现胚乳核子化现象，即种仁尚未出现。虽然‘华金’和‘华鑫’的种子均在3月就开始发育，而‘华硕’由于种子发育较晚，其大小更小（图1-23）。

油茶种仁刚出现时，为白色透明近球形晶状体，占据种子的一角，并随着种子的生长发育逐渐变大，直至填充整个种子，而种仁颜色也逐渐由最初的白

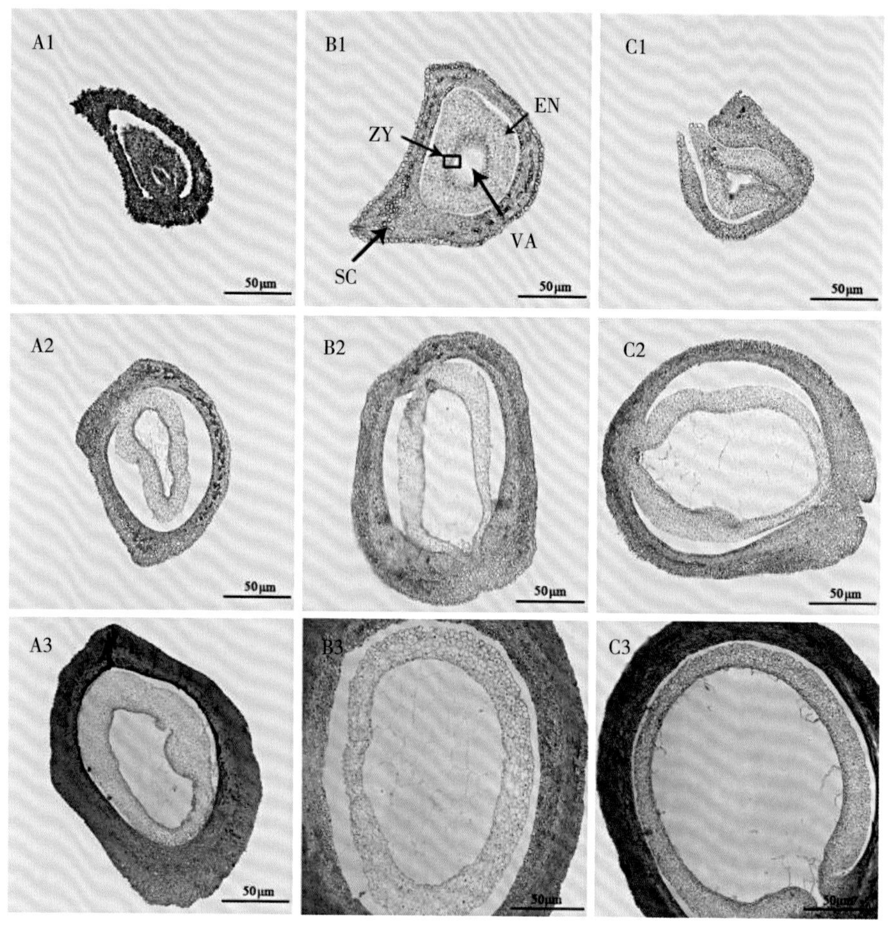

图1-23 ‘华金’‘华鑫’‘华硕’等3个油茶主栽品种种子发育过程（3~5月）

注：EN为胚乳，SC为种皮，VA为液泡，ZY为合子，图例长50μm。

色透明变为白色，并带有一点浅浅的黄色，而种皮也随着种子的生长，逐渐开始变硬变黄，且局部开始出现黑色斑块。‘华金’和‘华鑫’这两个品种在6月中旬时均已出现种仁，且‘华金’种仁较‘华鑫’更大，已经占据整个种子将近一半的体积，而‘华硕’直至7月初才刚刚形成种仁，且‘华硕’种仁比和‘华鑫’小很多；随着种子的发育，‘华金’和‘华鑫’在7月中旬时，种仁基本增大扩张至种皮，填充满整个种子，而‘华硕’直至8月中旬，种仁才基本填满整个种子（图1-24）。

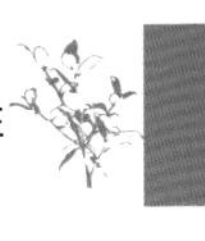

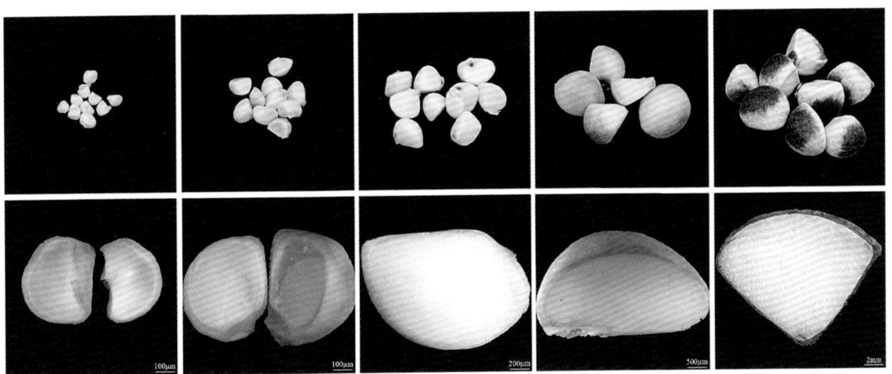

图1-24 ‘华鑫’种子和种仁发育过程（6～8月）

八、种子的油脂转化

‘华金’‘华鑫’‘华硕’种仁的油脂合成均可分为油脂合成前期和油脂合成后期，前期油脂合成缓慢；后期合成迅速，是油脂合成的高峰期。不同油茶品种油脂合成高峰期的时间不同是品种的遗传特性及环境因素不同造成的结果。正常年份，‘华金’油脂合成前期为7月中旬至9月初，油脂合成高峰期为9月初至10月中旬后期（19日前后，霜降之前）；‘华鑫’的油脂合成前期为7月中旬至9月初，油脂合成高峰为9月初至10月下旬前期（10月23日前后，标准的霜降籽）；‘华硕’油脂合成前期为8月初至9月中旬，油脂合成高峰期为9月中下旬至11月初（霜降之后，立冬之前）。9月严重干旱的年份由可能造成种仁油脂的合成过程受阻，油脂合成的高峰期将推迟到来（图1-25、图1-26）。

图1-25 ‘华金’‘华鑫’‘华硕’种子成熟度（8月下旬）

不同品种的种仁含油率存在一定的差异。种仁也与当地的气候、土壤类型、栽培管理水平、采摘时间等有关。

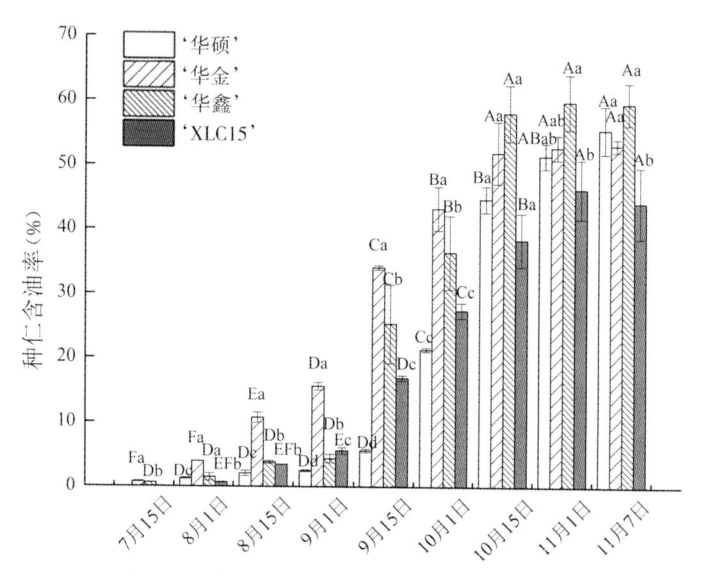

图1-26　不同油茶品种种仁含油率随时间变化情况
注：'XLC15'为试验对照油茶品种。

九、种子的丰产性能

三华油茶3个品种均结实早。2年生苗木栽后当年秋季有50%的植株开花，第二年秋季100%的植株开花。3年生苗木当年秋季100%的植株开花。

三华油茶3个品种均坐果率高。'华金''华鑫'异花授粉坐果率可达50%以上（图1-27），'华硕'异花授粉坐果率可达85%以上。'华硕'自花授粉坐果率比较高。一般的油茶品种因为异花授粉坐果率比较低，需要保花保果，而三华油茶则需要疏花疏果，防止因为结实太多而导致负载过重、树体衰老。

图1-27　'华金'幼树结果
（2年生苗木造林，当年开花坐果）

三华油茶3个品种均表现优越的丰产性能。3年生苗木造林，只要抚育管理到位，第五年或第六年进入盛产期，单株产量可达15～35kg，平均亩产茶油可达50kg以上，最高可达100kg（图1-28～图1-30）。

图1-28 ‘华金’成林林相

图1-29 ‘华鑫’成林林相

图1-30 ‘华硕’成林林相

三华油茶3个品种均表现优越的稳产性能。如果适当控制三华油茶的最高产量，可实现每年茶油产量50kg的高产稳产目标。

三华油茶3个品种均适应机械化采收和人工采收成本最低化。三华油茶3个品种的单果重均在50g以上，方便震动式采摘机械的采收，而且不伤花朵。人工采摘成本较其他品种大幅度下降，不到一般品种的50%。

十、生态习性

三华油茶源自湖南东部的罗霄山区，经过30多年的选育过程及其在全国油茶主产区的引种栽培和区域化试验证明，三华油茶具有非常广泛的生态适应性。在韶关、桂林以北、大别山以南、武夷山以西、青藏高原以东的广大范围均能正常生长结实，而且丰产稳产。现已在湖南、江西、广西、广东、湖北、河南、贵州、重庆、四川等省（自治区、直辖市）推广栽培。

三华油茶喜光，但苗期和幼龄阶段比较耐阴。在阳光充足的地区，三华油茶结实好，产量高。阳光不足的地方虽然生长良好，但结实不良。

三华油茶喜温暖，但有较强的抗寒能力，适合生长在年平均气温16～18℃的亚热带地区，花期适宜平均气温为12～13℃。幼果对低温的抵抗能力非常强，一旦形成，即使是非常寒冷、严酷的冰冻天气都不会对幼果造成伤害，更不会造成树体冻死。

三华油茶多数种植在海拔500m以下的低山丘陵，但在湖南、贵州、重庆武陵山区海拔800m以下的地域均生长结实良好，特别是背风面生长结实更好。

三华油茶具有优良的抗高温干旱能力。2019年的夏季，湖南东部地区100余天未下雨，造成严重的高温干旱。当年种植的多数品种幼木因干旱致死，但2年生三华苗木种植的幼树绝大多数得以存活。三华油茶的抗高温干旱能力以‘华金’和‘华硕’最强，‘华鑫’稍弱。

三华油茶对土壤有广泛的适应性，第四纪网纹红壤，花岗岩、板岩、页岩、石灰岩发育的红壤、红黄壤均适合发展三华油茶。油茶喜酸性，在pH值4.5～6.5的酸性红壤上均生长最好。

三华油茶有良好的耐瘠薄能力，生态适应能力非常强。南方丘陵红壤地区土壤有机质含量极低，有效磷素严重缺乏，富铝化严重，土壤瘠薄，三华油茶具有耐低磷、低氮特性，可利用土壤中的结合态铝磷，满足对磷的生存需求，并具有解铝毒的功能。

十一、经济性状

（一）'华金'主要经济性状

大果类型，平均单果重48.8g，果皮厚度4.79mm，子房室数多为3或4，单果籽粒数平均为5.2粒，种子百粒重301.40g，鲜果出籽率38.67%，干出籽率63.25%，干籽出仁率62.04%，干仁含油率50.30%，干籽出油率31.21%，鲜果含油率7.63%（图1-31）。

图1-31 '华金'成熟种子

种子油的油酸含量83.09%，亚油酸含量6.46%，亚麻酸含量0.73%，棕榈酸7.64%，硬脂酸2.08%；酸价0.55。

（二）'华鑫'主要经济性状

大果类型，平均单果重51.6g，果皮厚度3.68mm，子房室数多为3～5，单果籽粒数平均为8粒，种子百粒重258.37g，鲜果出籽率51.72%，干出籽率49.45%，干籽出仁率59.36%，干仁含油率47.29%，鲜果含油率7.18%（图1-32）。

图1-32 '华鑫'成熟种子

种子油的油酸含量84.32%，亚油酸含量5.85%，亚麻酸含量0.69%，棕榈酸6.93%，硬脂酸2.21%；酸价0.73。

（三）'华硕'主要经济性状

超大果类型，平均单果重68.8g，果皮厚度5.48mm，子房室数多为4或5，单果籽粒数平均为12粒，种子百粒重265.79g，鲜果出籽率43.49%，干出籽率48.25%，干籽出仁率56.34%，干仁含油率49.37%，鲜果含油率5.84%（图1-33）。

图1-33 '华硕'成熟种子

种子油的油酸含量89.89%，亚油酸含量7.77%，亚麻酸含量0.06%，棕榈酸7.63%，硬脂酸0.12%；酸价0.53。

第二章 容器育苗技术

对于三华油茶良种的育苗，大部分技术手段同其他品种油茶基本是一样的，但是三华油茶幼苗有自身的生长特点，在育苗过程中需要注意。如果对一些关键技术环节把握不到位，就会出现‘华硕’油茶嫁接成活率不高、第一年生长量不大，‘华鑫’油茶接穗比较细、嫁接成活率较低、苗木地径较细等情况。因此，在生产中一方面要按照规范操作和要求进行育苗，另外要注意总结经验，不断提高育苗技术水平，才能培育出质量上乘的三华苗木。苗木培育一般包括圃地选择与营建、基质制备、砧木培育、芽苗砧嫁接以及苗木培育等环节，在三华苗木培育过程中还要注意大规格容器苗木的培育。

一、圃地选择与苗圃营建

对于新筹建的油茶苗圃而言，场地的选择非常重要。若场地选址不当，不仅影响苗木成活率和苗木质量，还给苗圃的经营管理带来极大的不便，造成大量的人力、物力浪费。因此，在进行油茶苗圃选址时，必须充分考虑苗圃的自然条件和经营条件。

（一）苗圃的自然条件

1. 地形地势

油茶苗圃宜选择地势较高、相对平缓的地带，便于机械耕作和灌溉，也利于排水防涝。油茶圃地的坡度一般以1°～3°为宜，在南方多雨地区选择3°～5°的缓坡地对排水有利，坡度的大小可根据当地的具体条件而定，如土壤质地黏重的地方坡度要适当大些，在沙性土壤上，坡度可适当小些。

2. 土壤条件

土壤是油茶容器苗培育基质的重要组分，适宜苗木生长的土壤是培育优良苗木的必备条件之一。苗圃选址时，最好对土壤pH值等进行测定，油茶育苗

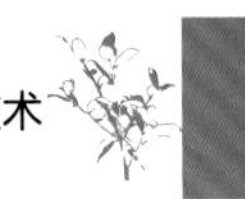

理想土壤的pH值要在4.0～6.5之间，保水、保肥和透气性要较好。育裸根苗还要考虑土层的厚度，每年育苗需要带走大量的土壤，如果采土的地方太远，无疑会增加育苗成本。当然，如果全部实施轻型基质容器杯育苗的苗圃就可以不考虑这个问题。

3. 水源及地下水位条件

水源可分为天然水源和地下水源，江、河、湖、水库、池塘等都属于天然水源，苗圃地应优先设在这些天然水源附近，并要经常检测这些水源的污染情况；若天然水源不足，则应选择地下水源为苗圃供水。另外，油茶的灌溉用水要求水中盐含量最好不超过0.1%，最高不得超过0.15%，水质最好呈弱酸性，pH值不宜超过7，pH值过高的话，灌溉前要进行相应处理。此外，还要注意远离猪场等污染源。

4. 气象条件

在进行圃地选择时应当通过当地气象台、气象站或者网络查询了解有关气象资料，主要包括当地的降雨量、最高温、最低温、相对湿度等气候情况；应选择气象条件比较稳定、灾害性天气很少发生、冬季-5℃的天数不超过7天的地区建设油茶苗圃。

5. 病虫害和植被情况

在苗圃选址时，一般都要对当地的病、虫、草害进行调查，了解病、虫、草害的情况和感染程度。病、虫害对油茶危害严重、多年生深根性杂草严重的地区，不适宜建圃；若必须在此地建圃，应先对病、虫、草害进行彻底清除，否则将对育苗工作产生不利影响。

6. 污染源

圃地要远离污染源，这些污染源主要指砖厂、化工厂、肥料厂、养猪场等产生的空气污染、土壤污染和水污染地区。

（二）苗圃的经营条件

油茶苗圃所处位置的经营条件直接关系到苗圃的经营管理水平、经济效益以及壮大发展，苗圃经营条件主要考虑以下几个因素：

1. 交通条件

油茶苗圃的位置最好要位于交通方便的主要公路附近，进入苗圃的道路要较好，能承受装载苗木的运输车辆，有利于苗木生产经营过程中生产资料及苗木的运输（图2-1）。

图2-1　某育苗基地（近主干道，劳力、水源和电力资源丰富）

2. 电力条件

现代油茶苗圃的经营管理必须要有充足的电力保障，苗木的浇水、施肥、销售都离不开电力设备，一旦电力供应不上，将有可能给苗圃带来巨大的经济损失。同时基地应当配备柴油发电机等备用电源。

3. 劳动力条件

为了解决苗圃在工作繁忙季节劳动力缺乏的问题，苗圃在选址时要尽量靠近乡村等劳动力较为丰富的地区，这样就可以及时补充油茶育苗需要的劳动力。

4. 技术条件

苗圃一般营建在有育苗技术基础的地方，工人掌握基础的育苗技术，有利于后期的苗木培育。此外，苗圃尽可能与科研单位等建立联系，这样有利于苗木培育过程中的技术问题得到及时解决，避免不必要的损失。

5. 销售条件

在进行油茶苗圃选址时，要做好市场调查，确定苗木需求的最大地区、品种需求等情况，以免培育的苗木不能及时销售出去。

（三）苗圃的营建

1. 苗圃的规划设计（图2–2）

确定苗木地址后，要根据生产规模、生产环节等确定圃地面积，随后做好

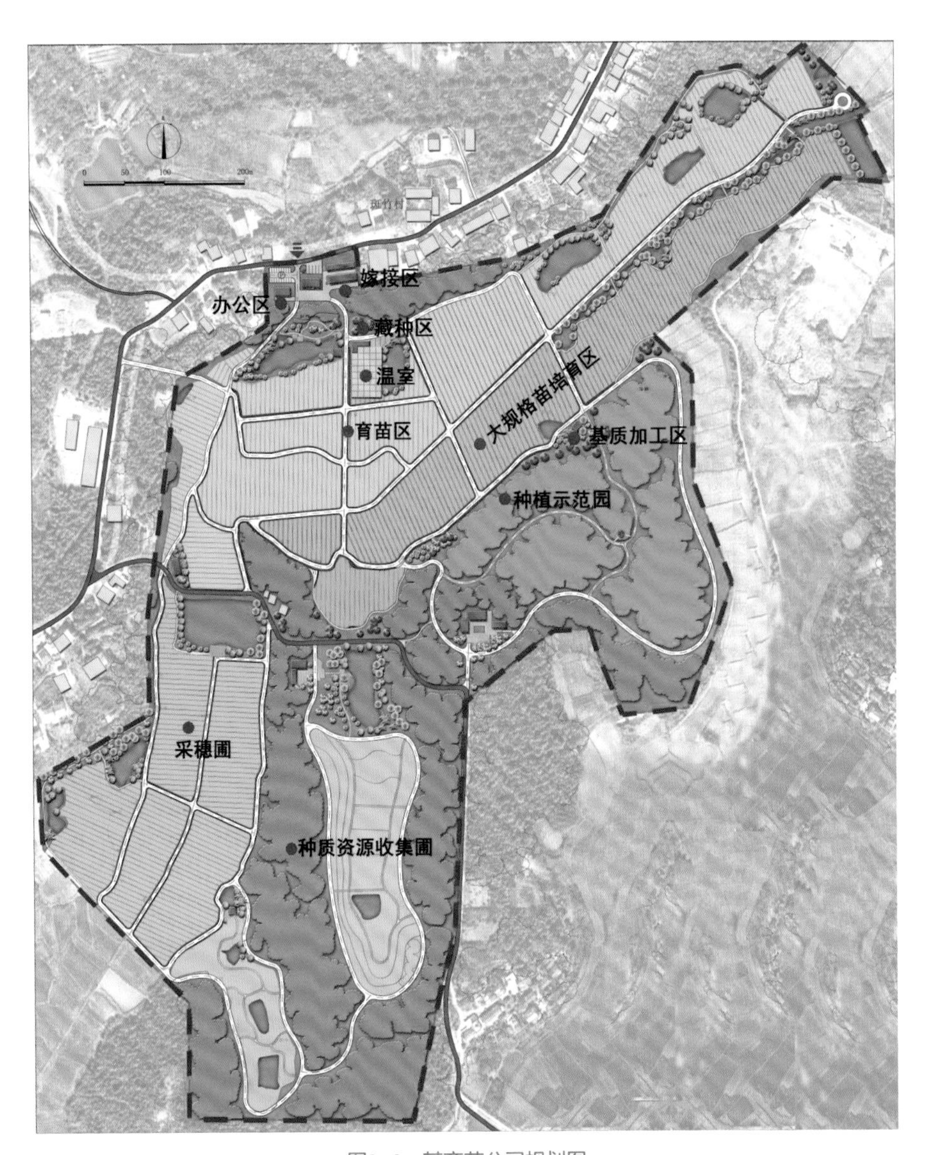

图2–2 某育苗公司规划图

苗圃的规划工作，包括功能分区、建设进度、经费筹措等都需要提前谋划。一般的苗圃主要包括藏种区、嫁接区、苗木培育区、基质加工区等。一般规模化、现代化的育苗公司分区较为明确规范，小型苗圃则根据实际情况可以简要调整，以实用为准。

（1）藏种区

油茶容器育苗主要采用芽苗砧嫁接法，需在嫁接前对油茶种子进行沙藏催芽，藏种效果的好坏直接影响到育苗的成败，油茶苗圃因根据自身的规模和生产计划，合理设置藏种区；油茶藏种区应设在地势平坦、排水良好和通风的区域，避免因积水、通风差、病虫危害造成油茶种子腐烂霉变和种子沙藏失败。

（2）嫁接区

油茶容器苗嫁接一般都在室内进行，嫁接区的面积要根据苗圃规模、日嫁接人数、育苗数量确定，选择地势平坦、光照较好和交通便利的地方建设嫁接工棚；另外在嫁接区要选择一处阴凉潮湿、通风的地方，设置穗条和砧木的临时存放区。部分企业设置了嫁接车间，更加方便和现代化。

（3）培育区

苗木培育区是油茶苗圃的核心区域，可以在室内，也可以在室外，目前培育往往在大田中，应集中连片选择立地条件好、光照充足、通风透气、排水灌溉均方便的地方，也可以营建现代化温室等设施。但都需要保障苗木生长所需的光、温、水、气和养分，营造一个适宜油茶容器苗木生长的环境。条件允许的企业或者个人可以营建现代化温室，这是实现订单育苗的基础条件。

（4）基质加工区

油茶容器育苗需要大量基质，基质加工区主要用于基质原料的存放、发酵、配制、过筛等工序，选择平坦开阔、干燥避雨的区域为佳，同时为节省人力物力，基质加工区应尽量靠近苗木培育区。

（5）水、电、路等的规划

规划好取水水源、生活用水、灌溉用水、灌溉设施的配置等用水问题，规划电路的走向以及主干道、机耕道、步道等，不仅方便苗木培育管理，还要考虑标准规范。

2. 主要设施设备

（1）场地

苗木基地规划建设好后，即需要对圃地进行整理，清理圃地的大石块及其

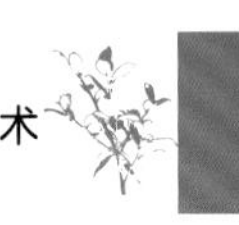

他废弃物，然后进行翻耕消毒，并推平压实。

（2）荫棚或者温室

对一般的小型苗圃来讲，搭建荫棚作为育苗区是较为经济可靠的方法。油茶芽苗砧嫁接一般在每年的4～5月进行，搭荫棚可以有效降低盛夏季节的棚内温度，防止光照过强或阳光直射对油茶嫁接幼苗造成伤害；提高冬季的棚内温度，防止幼苗冻害；并起到一定的防风、隔离效果。荫棚棚高一般为1.8～2.1m，支架可采用国标镀锌钢管等材料或者木桩，棚桩间距3m或5m，棚顶及四周用铁丝横拉并扎牢，覆盖遮光度为75%的遮阳网（图2–3）。

图2–3　育苗大棚

对资金充足、要求较高的育苗企业，可以建设现代化温室进行育苗。温室是现代化农业生产中较为完善的设施，目前的智能温室已经可以实现自动化灌溉、自动化温度调控和自动化通风技术。再通过二氧化碳施肥、光照调节等技术手段，基本上调控了植物生长所需要的必要因素，可以快速高效营造一个适宜油茶生长的小环境。在油茶苗圃建设温室可以提高育苗的效率，实现集约化生产，降低育苗成本，通过温室调控环境因子，可以提升油茶苗木的成活率、生长速度和苗木质量，缩短苗木的出圃时间；但是建立温室成本投入、技术要求均较高，小规模苗圃不建议建造温室，可用简易大棚代替（图2–4）。

图2–4　现代温室

（3）水电设施

在油茶苗圃周围及圃内支路两侧设置排水沟，沿支路方向布设供水系统，推荐苗圃中安装喷灌设施（图2–5），其中以倒挂式微喷灌为宜；苗圃地的电力系统能满足苗圃正常生产、生活需求即可，最好能购置一套合适的发电机组，以防停电影响苗圃的正常生产、生活，带来不必要的损失。

（4）相关设备

苗木培育人工需求量大、季节性强，因此采购部分农机设备对节约成本、提高效率具有很重要的作用。因此，应根据实际情况选择购置部分育苗设备和机械。比如用于基质处理的铲车、粉碎机、搅拌机等，用于嫁接的嫁接刀、枝剪等工具，用于苗木培育的喷雾器、施肥器等。

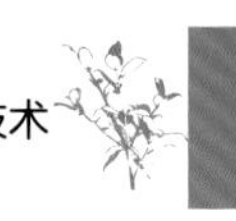

图2-5 喷灌设施

二、基质制备

（一）原料

1. 泥炭土

泥炭土又称草炭土，是植物体经地形变动被压入地下经过若干地质年代演变形成的有机质堆积物。泥炭土的有机质含量超过50%，含氮量在0.6%，降解缓慢，是一种天然有机物；泥炭土还具有带菌少、容重小、持水性强及缓冲性强的优点；泥炭土还可以调节基质的pH值，是公认的优良天然育苗基质。目前，进口泥炭土是苔藓泥炭土，为苔藓类植物死亡之后的分解物；我国生产的泥炭土，主要为广东泥炭土和东北泥炭土，主要是莎草、芦苇等维管植物死亡后的分解物。以上泥炭土都可以用于油茶良种容器苗的培育（图2-6）。

2. 珍珠岩

珍珠岩来源于一种火山喷发的酸性熔岩，其经急剧冷却而成的玻璃质岩石，再经工业化加热至1000℃膨胀而成为一种轻质、多功能新型材料，通气孔隙可达53%、持水容积约40%。珍珠岩物理和化学性能稳定，能疏松基质内部

图2-6　商业化泥炭土

结构，降低容重，孔隙可保存大量的水分、营养成分，透水性和透气性能好，是育苗基质的重要成分。

3. 红心土

红心土是地表以下50cm左右的土壤，容重较大，通气性较差，营养物质匮乏，单独使用红心土育苗基质容易导致苗木根系不发达、整体质量差的问题。但红心土呈酸性，不带菌，在实际生产中一般与其他基质混合配比使用，可调节基质的pH值，有利于幼苗的生根。

4. 其他成分

花岗岩发育的母质。为了降低生产成本，就地取材，很多地方如湖南攸县、茶陵等地育苗过程中，育苗单位在实际生产中会用到当地花岗岩风化的母质，母质含有大量的石英砂，也有一定的云母等成分，作为基质成分具有疏松透气、成本低廉，利于油茶苗木根系生长的优点（图2-7）。

其他有机质物料。为了降低生产成本，应根据当地实际条件选取当地比较丰富、成本较低的物料作为基质。常见的物料包括椰糠、锯末屑、树皮、稻壳等农林剩余物，这些材料来源丰富，具有一定养分、缓冲能力和离子交换能力，被广泛应用到育苗中。但这些物料都需要经过粉碎、发酵处理等程序，保证基质完全腐熟，这样才能保证苗木的成活与正常生长发育。详见袁军等编著的《油茶良种容器育苗技术（油茶产业应用技术丛书）》。

图2-7 花岗岩风化的母质

（二）基质配制

1. 基质配方

目前在三华油茶育苗过程中，主要采用的配方为泥炭土、红心土和珍珠岩。该配方不需要经过发酵过程，是目前育苗单位使用较多的一种配方。通常泥炭土的比例在30%～50%，红心土在20%～40%，珍珠岩在20%～30%。同时需要注意的是，培育2年生苗和3年生苗的基质是有区别的，一般3年生苗育苗基质红心土的比例会稍高。

在不同的生产区域，还可以采用泥炭土、蛭石、红心土、花岗岩风化母质、树皮、椰糠等材料进行不同的搭配，只要得到的基质物理性状和化学性状都比较稳定、透气性较好，没有病原和虫卵等，均可以用于油茶育苗。在生产中还经常加入一定的磷肥、缓释肥等肥料，以提高肥效。

2. 基质配制

确定好基质配方后，首先将腐熟的基质打碎、过筛，然后按配方加料后搅拌均匀，可采用人工搅拌或机械搅拌，推荐采用机械搅拌基质。在搅拌过程中，可通过在基质中加入土壤调理剂、生石灰、草木灰、硫磺粉等调节基质的pH值。也可以加入适量钙镁磷肥、缓释肥等，一定注意要搅拌均匀。

（三）基质装杯

1. 容器杯

用于制作油茶育苗的容器材料主要有两大类，一类是不可降解的、厚度在0.02～0.06mm的无毒塑料杯（图2–8a），另一类则是可降解或半降解的无纺布材网袋（安徽安庆生产的比较多），这类无纺布材料还可做成长条状香肠袋，灌装基质后切段，摆盘或者直接摆放在育苗床（图2–8b）。培育1年生轻基质容器苗的容器规格要求直径为4.5～5.5cm，高度为10～12cm，2年苗容器规格9～12cm，高度10～15cm；如培养大规格苗木，则需要更大规格容器。

a

b

图2–8　育苗容器

注：a为塑料杯；b为无纺布网袋。

2. 装杯

装杯时将基质填满基质杯至杯口2～3cm，中间不要留有空隙，将装好基

质的容器整齐摆放于容器苗床上（图2–9）。

图2–9 基质摆放

3. 摆杯

移栽前15～20天完成装填基质及容器摆放，摆放容器之前，对苗床和步道进行消毒，可全圃均匀撒施生石灰，每亩45～55kg。

（四）商品化容器杯

目前，很多生产厂家在生产油茶育苗轻基质成品，相当于装好基质的容器杯，即容器杯为一层可降解的具有一定结构的网孔状无纺布材料，内装泥炭土、珍珠岩、蛭石、树皮、稻壳等轻基质材料。容器重量轻，富含腐殖质，保水肥能力强，利于根系生长，不窝根，而且价格便宜，有不同规格，可以装入穴盘或者直接摆放苗床使用，非常方便。在一些劳动力成本高的地方非常适用（图2–10）。

图2–10 商品化容器杯

（五）消毒

将步道上的土壤培好，苗床四周

培土高度为容器高度的1/3～1/2，然后用花洒淋水至容器中的基质充分沉实，再用0.1%～0.2%高锰酸钾水溶液淋透容器内基质。随即对苗床覆盖农用薄膜，结合修整步道，将苗床四周用土压实，或将土呈点状压在膜上，同时压实苗床两头薄膜于步道中，使薄膜紧贴苗床容器上沿。待需移栽嫁接苗时即可开膜使用。

三、砧木培育

（一）种子选择

选择当地油茶树上采集的茶果，将茶果摊放在干燥、阴凉、通风的地方，厚度10cm左右，每天翻动1次，3～5天后茶果开裂。种子脱出后剔除空粒、瘪粒、破损粒等不良种子，以及果壳、果柄、枝叶、石块、土粒等杂质，选出饱满、粒大、没有残缺和畸形、没有霉烂和虫害的种子，并进行过筛风净，精选后的种子要存放在阴凉通风处。

（二）层积催芽

油茶种子需要通过沙藏层积催芽萌发，沙藏通常在采收当年的11月到12月开展。对于含水率低的种子，需要采用清水浸种，即将油茶种子用网袋装好，置于装有清水的大桶或水池中浸泡10h，再将种子取出沥干准备消毒。随后采用高锰酸钾、多菌灵等药剂消毒，可以用0.3%～0.5%的高锰酸钾溶液或50%多菌灵可湿性粉剂700～800倍液浸泡30min，捞出沥干。

选择地势干燥、排水良好、背风向阳的地方做床。做床前对土壤进行平整、碎土、消毒等工作，杀死土壤中的病虫害，让土壤具备良好的透气透水能力。消毒的方法包括高温处理和药剂处理，油茶沙藏做床普遍采用药剂处理。翻耕前在土壤表面撒上一层生石灰，翻入土壤中的生石灰不仅具有良好的消毒灭菌的作用，还能有效调节土壤的pH值。在翻耕整平的床基上，用400～600倍的高锰酸钾溶液喷洒，再用塑料薄膜覆盖密封，暴晒1周左右，即可揭膜做床。

沙床的宽度一般在1～1.5m，四周用砖砌成60cm高的砖墙，底部铺盖20cm厚的粗沙，底层的粗沙主要用于排水和透气，防止种子层积水以及给种子生长萌发提供一定的氧气。沙藏前在粗沙上再铺盖一层10cm厚的细沙，用800倍多菌灵或噁霉灵将沙床浇透，把处理过的种子均匀撒播于细沙上面。种子单层，种子间互不重叠，其上加盖厚为10～15cm的河沙并刮平，再用800倍多菌灵或噁霉灵将种子和沙床浇一遍。如果要撒播第二层种子，在其上加盖厚为

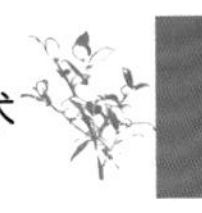

10～15cm河沙，表面轻轻压实、刮平即可，播种层数不宜超过2层。种子沙藏好后，立即加盖白色塑料薄膜，用于防雨以及保温保湿；在塑料薄膜上再加盖一层遮阳网，防止阳光直射对沙藏种子造成损害（图2–11）。

图2–11　沙藏

（三）起砧

待到次年嫁接的时期（3～5月），砧木上下胚轴伸长到一定长度，一般种子胚根（主根）长度达8cm以上或胚芽长度4cm以上时，就可起砧用于嫁接了。起砧时，首先卸掉边缘空心砖，依次取砧，当天起的砧木最好当日用完。如果砧木生长过快不能及时用完，砧木已经长出沙层，可以加盖沙子，以免砧木木质化（图2–12）。

图2–12　起砧

四、芽苗砧嫁接

（一）良种穗条

具有三华油茶良种穗条生产经营资格的湖南省定点良种采穗圃已经超过10家，用于育苗的穗条应该从通过林业主管部门审定的单位采集和购买，具体生产经营单位可咨询当地林业部门，或者通过生产经营许可证查询是否具有三华油茶良种穗条生产资格。

三华油茶嫁接一般会迟于其他品种的嫁接时间，一般需要到5月上旬至6月上旬。嫁接前育苗单位通知穗条生产单位采集三华油茶穗条，穗条采集应在阴天或晴天10:00时前、17:00时以后，在植株的树冠中上部外围，剪取生长健壮充实、芽眼饱满、叶色正常、无病虫害的半木质化秋梢或春梢作为嫁接用穗条。剪取油茶良种穗条时，应用干净、锋利的枝剪将穗条快速剪下，不要损伤穗条的表皮和压裂穗条的髓部，并做好包装工作和相关标识。从油茶良种采穗圃购置穗条应当注意相关证件齐全（一般为“三证一签”，即质量合格证、检疫证、苗木种子经营许可证、种子标签）和穗条质量（图2-13）。

图2-13　穗条包装

穗条运达目的地后，不能马上嫁接的，需将穗条置于阴凉处，或贮存于0～5℃的冰箱、冷库内，贮藏时间不宜超过5天。也可以将穗条散开，下部插入湿润细沙中保存。

（二）芽苗砧嫁接

油茶芽苗砧嫁接有一定的难度和技术要求，通常是由熟练的嫁接技术工人来完成。技术标准按照《油茶 第3部分：育苗技术及苗木质量分级》（LY/T 1730.3）。湖南攸县、浏阳、茶陵、平江等地育苗历史较长，组建了很多专门的嫁接队伍到各油茶产区承包嫁接任务。这些队伍组织有序、技术过硬、嫁接效果有保障，如果育苗量比较大，可以通过相关途径联系雇用（图2–14）。

图2–14 专业嫁接队正在嫁接

1. 洗砧

如本章第三节所述，将砧木挖起，用清水冲洗芽上的沙或者倒入装满清水的缸中清洗，也有在缸中放入适量的消毒剂的做法。清洗干净后捞出沥干，按照不同人的嫁接进度，分放在篮或者盆中，覆盖湿毛巾，放置在室内的操作台上待用。

2. 削砧

在子叶柄上方1.8～2.0cm切断芽苗胚轴，沿中轴纵切一刀，深1.0～1.5cm，然后保留芽苗主根长5.0～8.0cm，切除过长的主根，成为带种子和胚芽的芽苗胚芽段砧木。在生产中，为了减少砧木萌芽，常常选择不带种子的下胚轴作为砧木，同时为了提高砧木利用效率，可以将下胚轴削为2～3段砧木使用（图2–15）。

3. 削穗

选取具饱满腋芽或顶芽的穗条，选取饱满的芽，在叶柄下方1.5cm处切断，削成楔形，削面长1cm左右，在叶柄上方0.5cm处切断。当接穗所带叶片偏大时，可切去二分之一或三分之一，叶片较小的接穗保留完整叶片。可一次性切削接穗20～30个，削好的接穗宜于30min内接完，不宜长时间存放（图2-16）。

图2-15　削好的砧木

图2-16　削好的穗条

4. 嵌合与绑扎

选用与砧木切面大小一致、长短相当的接穗，把削好的接穗嵌入芽砧内，对正一边形成层，用铝箔条或同类材料套入芽砧上，缚扎砧穗接合部位（嫁接口），将铝箔条对折包裹嫁接口，往顺时针方向捏转，再反向捏紧，使嫁接口结合松紧适当，以手轻拉接穗不脱落、不损伤砧穗为宜（图2-17）。

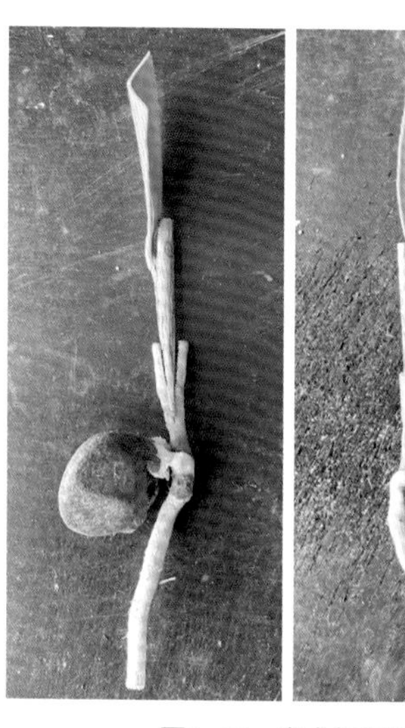
图2-17　嵌合与绑扎

（三）嫁接苗栽植

接好的嫁接苗做好保湿等工作，转移到育苗地点进行栽植。栽植前一天将基质杯进行淋水，便于打孔种植。

栽植时用筷子或其他工具一端垂直插入育苗容器中央基质中，然后将嫁接苗根部直接插入，芽苗胚芽段砧嫁接苗所带种子或芽苗胚根段砧的嫁接位（缚扎部位）刚好位于基质表面以上，每个育苗容器移苗1株（图2-18）。

图2-18 栽植

（四）浇水淋药

嫁接苗栽植后，需要浇促进嫁接苗愈合和生长的药剂，以及防治病虫害的农药混合液，如一些水溶性肥料、抗根腐病的农药、消杀药剂等等。施药过程中可以用喷雾器等施用，也可以用抽水机等浇灌，但在浇水淋药过程中一定要浇透，从而达到彻底消杀、效果明显（图2-19、图2-20）。

图2-19 用到的一些药剂

图2-20 施药

（五）盖膜

在苗床上架设用竹片、PVC管、钢丝等材料制成的拱形支架，支架两端跨苗床插入苗床的两侧，拱高50～60cm，支架间距100～120cm，其上加盖厚为0.014～0.03mm的无色塑料薄膜。覆膜后四周基部用土将膜压实，同时结合压膜将步道修成深为10～15cm的排水沟，使沟底平顺，与两头排水沟相通。在苗床上做好标记，标签、标记上记录的内容应包括品种名称、穗条来源、嫁接日期等信息，并绘制品种分布图，做好档案资料记录（图2–21）。

图2–21　盖膜

五、嫁接后管理

（一）盖膜期管理

嫁接苗移栽盖膜后，应保持床面湿润及小拱棚处于密封状态，使小拱棚内相对湿度保持90%以上。保持小拱棚内温度低于38℃。并做好病虫害防控，每2～3天需要检查移栽的嫁接苗木是否有感病、发生病虫害的情况，并及时喷施相关的防治药剂，即使无明显的病、虫害发生，也可每周揭膜喷洒广谱性的药剂进行预防。

（二）揭膜后管理

嫁接40天以后，嫁接口基本愈合，有50%以上嫁接苗接穗萌芽抽梢时，可开始揭膜。揭膜采取前期打开拱棚两头薄膜进行通风，5～7天后再打开拱棚侧边进行通风，揭去全部薄膜，从而保证幼苗的适应期。揭膜后及时开展除草、除萌条、抹花芽、水肥管理、病虫害防治等工作。

1. 除萌和抹花芽

除萌是指除去嫁接砧木上萌发出来的新梢，嫁接苗移植30天左右即需要进行第一次除萌。对砧木除萌时，可同时除去圃中死亡植株、病叶、枯枝、落叶以及石头等杂物，将杂草、杂物移出圃外，保持苗圃清洁。随着苗木生长，花

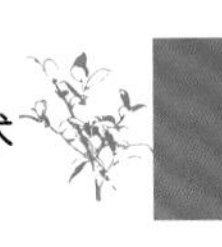

芽逐步变得明显，应当结合除草除萌（图2–22），及时抹除花芽。如果暂时不能识别花芽，可待其继续膨大到容易识别时去除。

图2–22 除草

2. 水肥管理

应掌握“勤施、薄施、液施”的原则，揭膜后一周开始追肥，淋施尿素水溶液、氨基酸肥料、微量元素肥料等；施用浓度应以不伤苗为宜。施肥可与喷灌相结合，但每次淋肥后应及时用清水冲洗幼苗叶面（图2–23）。

图2–23 浇水

3. 主要病虫害防治

油茶幼苗由于苗木幼嫩、栽植密度大，所处环境高温高湿，因此病虫害发生风险较高，在育苗过程中一定要加强病虫害防治，做到治早和治小，防重于治。油茶苗常见病害有炭疽病、软腐病等，常见虫害有金龟子、蚜虫等等。病虫害防治内容请参考周国英等编著的《油茶病虫害防治技术（油茶产业应用技术丛书）》（图2–24）。

图2–24 施药

（三）大规格容器苗培育

油茶大规格容器苗具有栽植成活率高、不缓苗且生长快速、投产期短等优点，因此成为现在油茶造林的主流，市场上油茶容器大苗供不应求。另外，油茶容器大苗的根系十分发达，抗干旱、耐瘠薄，在一些立地条件较差的地块，容器大苗基本上能够做到一次造林一次成活，大大提高了造林成活率，具有很强的优势。此外，大规格容器苗基本都实现了苗圃里开花结果，非常便于品种

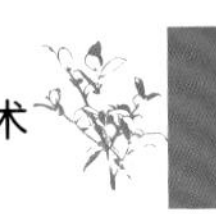

的识别。因此，三华品种油茶主要采用大规格苗造林，苗木培育也以大规格苗培育为主（图2-25～图2-27）。

大规格容器苗在培育过程中需要注意育苗容器的规格、育苗基质的配制、水肥管理以及整形修剪等工作，该部分内容在袁军等编著的《油茶良种容器育苗技术（油茶产业应用技术丛书）》中进行了详述。

图2-25 ‘华硕’大规格容器苗

图2-26 ‘华金’大规格容器苗

图2-27 ‘华鑫’大规格容器苗

六、苗木分级和出圃

当前，1年生和2年生油茶轻基质容器苗按照《油茶苗木质量分级》（GB/T 26907）和《容器育苗技术》（LY/T 1000—2013）要求抽样检测和分级。大规格苗木目前还未出台技术规程和标准，根据相关资料和生产经验，地径达1.0cm以上、苗高80cm以上就能够保证造林效果。此外，在苗木生产和购买过程中，一定要注意品种的典型识别特征，如果不能确认，可以向品种选育单位或者当地林业主管部门求助。

第三章 栽植技术

一、造林地选择

林地选择是三华油茶栽培成功的关键之一。

一是必须选择在适合三华油茶的栽培范围之内（图3-1）。湖南、江西、湖北、贵州、重庆等省（自治区、直辖市）的全境，广东、广西的北部，河南、四川的南部等地可以发展三华油茶，其他地方必须先进行引种（区域化）

图3-1 油茶林地选择

试验之后才能发展，年均温过高（如柳州以南）或过低（如大别山以北）均不适宜发展三华油茶。

二是在上述区域内，除具有特殊的小地形、小气候条件外，不要选择海拔高度超过1000m的地方发展三华油茶。在风口种植三华油茶，海拔最好不要超过800m。

三是尽可能选择平缓坡地发展三华油茶。不要选择坡度在30°以上的陡坡地发展三华油茶，容易造成水土流失，也不便于林地的抚育管理。

四是选择光照充足的阳坡（南坡、西坡）、半阳坡（东南坡、西北坡）种植三华油茶，保障三华油茶生长结实良好。

五是尽可能选择土层相对较深、土壤肥力相对较高、pH不超过6.5的地方种植三华油茶。

二、林地整理

整地之前，要做好林地机耕道路、作业小道、灌溉设施的定位规划和整地方式的选择规划。三华油茶的林地整理尽可能满足适应机械化耕作、机械化采收、自动灌溉的基本要求，尽可能满足防止地力衰退、维护自然地力、充分利用自然地力的要求，也尽可能方便人工林地作业的基本要求。

低于15°的缓坡地，不采用将小山推平或梯土整理方式。要因地制宜，随坡整理，使整个造林地坡面在一个稍微倾斜的平面上，既利于株行距的整体安排，也利于林地的机械化作业，提高劳动生产率，提升产业技术水平，降低生产成本。整地时，清除杂草灌木，深翻土壤即可（图3-2）。

15°～20°的坡地，尽可能不采用梯土整理方式，非要进行梯土整理，须尽可能要浅挖内壁，并将表土层覆盖在梯面上，禁止将表土层用于梯面整理。

20°以上的坡地，可采用梯土整理方式，但梯面不宜太宽，内壁不宜挖得太深，坡面不宜全面破坏，适当保持部分原有植被，利用内壁心土层的黏土构筑坡面，严禁利用表土层构筑坡面。表土层构筑坡面既浪费自然肥力，又构筑不牢，容易造成土壤冲刷和水土流失。整地时，可将表土层堆积在旁边，然后将表土回填。

土地平整后，按密度设置要求，进行放样和定点挖好定植穴，穴大小为80cm×80cm×80cm。施足发酵完全的基肥，每穴施基肥12.5kg，上面覆土（图3-3）。

图3-2　油茶林地的整理

图3-3　油茶造林定植穴

有条件的地方，整地时尽可能铺设灌溉设施（图3–4）。

图3–4 油茶林地水肥一体化

三、基肥施用

南方红壤地区有机质含量普遍偏低，三华油茶结果量大，营养消耗量巨大，施肥是保障三华油茶正常生长丰产的基本保证。

林地整理后、苗木栽植前，必须施用以有机肥为主的基肥，可适当配备少量的复合肥、磷肥和菌肥。施用的有机肥必须是发酵完全的，每株的施用量不少于5kg，将有机肥（或少量复合肥、磷肥、菌肥）与适量土壤混合，施入定植穴的底部，上面再覆盖部分土层，与栽植苗木的根部形成一定的隔离层。

施足发酵完全的基肥，每穴施基肥12.5kg，上面覆土（图3–5 ~ 图3–7）。

图3–5 三华油茶新造林基肥穴施

图3-6　三华油茶新造林撩壕基肥穴施

图3-7　基肥与心土拌匀

四、品种配置

自交不亲和性是指能产生具有正常功能且同期成熟的雌雄配子的雌雄同株植物，在自花授粉或相同自交不亲和基因型异花授粉时不能正常受精的现象，又称自交不育性，是植物在长期进化过程中形成的限制自交、促进异交、防止退化的一种非常精密的遗传机制。植物的自交不亲和性划分为孢子体型自交不亲和性、配子体型自交不亲和性和后期自交不亲和性等三大类型。油茶属于后期自交不亲和性树种（图3-8）。

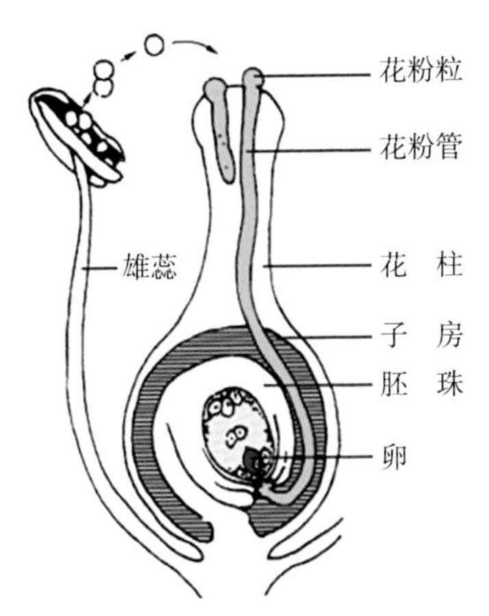

图3-8　油茶后期自交不亲和性

油茶种植必须实施主栽品种与授粉品种进行适当的配置。品种配置必须满足2个基本条件：

一是花期相遇，即能满足2个或多个品种之间盛花期有一段时间相同或相互重叠，为相互之间的异花授粉创造条件。

二是满足2个或多个品种之间的异交亲和性高，即2个或多个品种之间异花授粉坐果率高。最简单、最优化的配置方式是2个主栽品种的配置（即授粉品种也是主栽品种），花期相遇、亲和性高、单位面积产量高，成熟期相对一致（图3-9）。

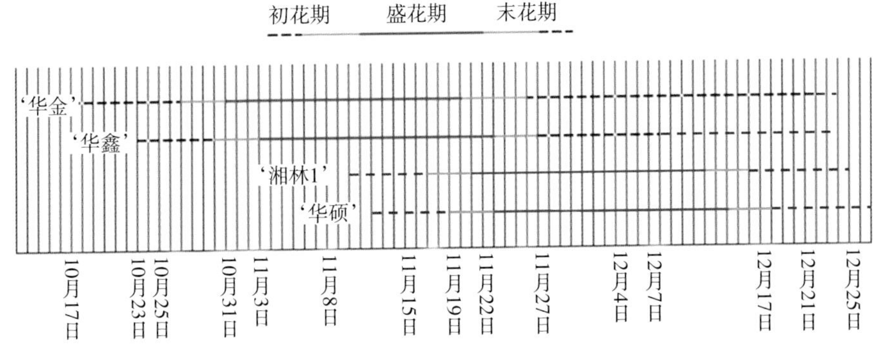

图3-9　三华油茶品种与授粉品种的开花时间表期

经过反复试验，我们确定了‘华金’与‘华鑫’，‘华硕’与‘衡东大桃2’（省级审定品种）或‘湘林1’（国家级审定品种）的优化配置模式（图3-10、图3-11）。

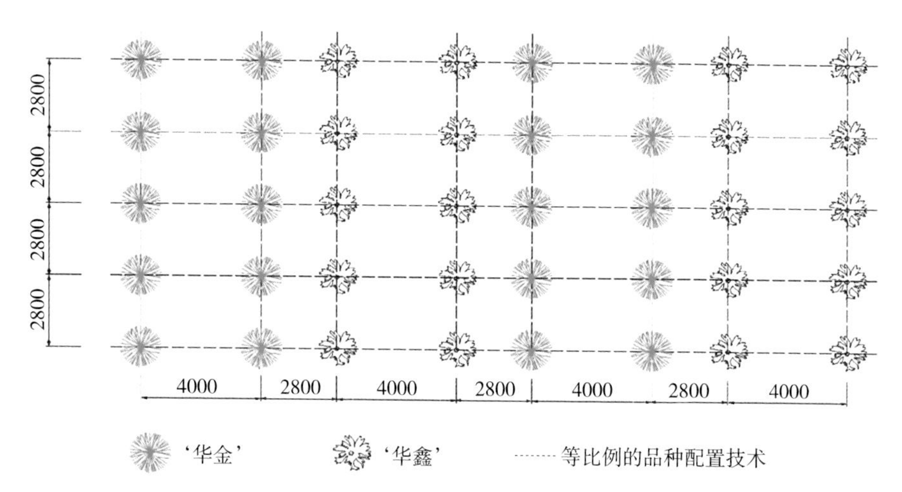

图3-10 ‘华金’与‘华鑫’两个主栽品种等比例的栽培配置模式

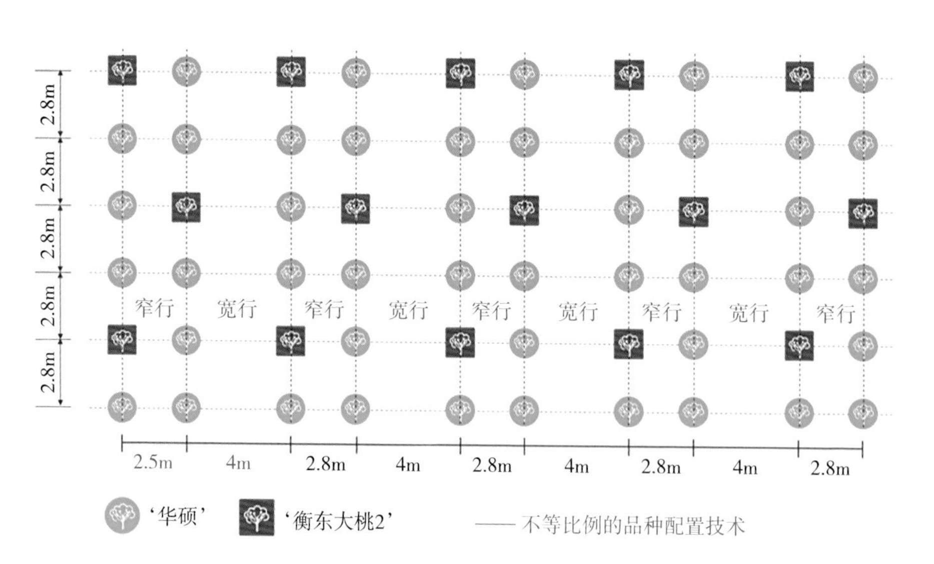

图3-11 ‘华硕’与‘衡东大桃2’不等比例的栽培配置模式

五、密度设置

根据三华油茶的树体大小、生长发育过程的光照需求、持续结实的寿命长短、地形差异（坡度和坡面）、机械化作业要求和人工抚育管理方便需求，三华油茶的栽培密度可设置在每亩63～82 株的范围。最好采用宽窄行的密度设计，最佳密度为：宽行4.0m，窄行2.8m，株距2.8m，每亩栽植株数为70 株。三华油茶最大栽培密度为每亩82株，即宽行4.0m，窄行2.5m，株距2.5m；最小密度为每亩63 株，即宽行4.0m，窄行3.0m，株距3.0m（图3–12）。

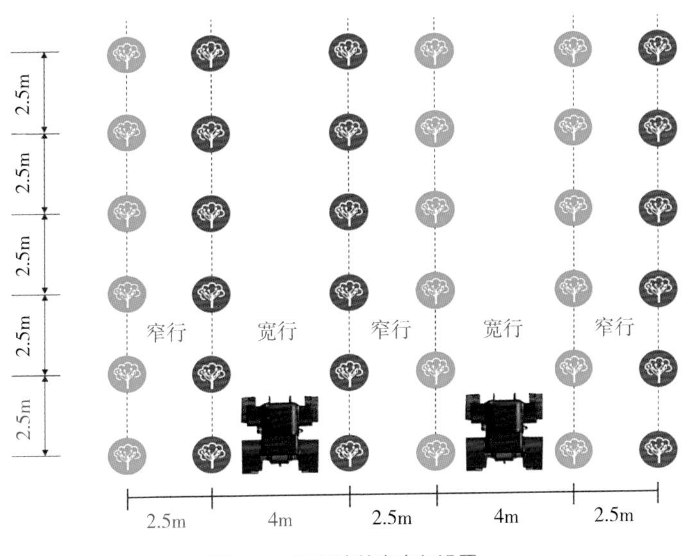

图3–12 三华油茶宽窄行设置

同一品种如‘华金’按行栽植，整个林地的三华油茶苗木种植密度按宽窄行方式设置。宽行两边为同一品种如‘华金’或‘华鑫’，窄行两边为不同品种如‘华金’与‘华鑫’。同一品种的宽行设置，便于机械作业，也方便人工耕作、施肥、修剪等田间作业，更便于按品种进行果实采摘。不同品种的窄行设置，利于不同品种的异花授粉，利于提高不同品种的坐果率、单株产量和单位面积产量。

六、栽植技术

（一）定植

最好在11月下旬至翌年的3月上旬顶芽萌动之前，选择晴天或阴天进行三华油茶的定植。按预先的放样定植点，每行采用同一品种，宽行两边为同一品种，窄行两边为不同品种的品种配置要求，采用3年生轻基质容器杯苗木，分单株扶正苗木进行栽植。注意苗木一定要栽直，无纺布容器杯要去掉或剪开，栽后压实土层，并培土（图3–13、图3–14）。

图3–13　栽植时剪开或去除营养杯

图3–14　油茶栽植方法

（二）浇水

定植后，一定要浇透“定根水”（图3–15）。

（三）地面覆盖

为防止整地后地面辐射对苗木基部的灼伤和夏秋干旱带来的危害，尽可能利用当地的有机废弃物对新栽植幼树的地面进行覆盖，有利于提高造林成活率，提高生长量。

图3–15　油茶苗木栽植后必须浇透水

第四章 幼林抚育技术

油茶造林到普遍开花结果这段时间称为幼林。幼林期的长短一方面与立地条件、油茶品种特性有关，另一方面则取决于经营强度高低。一般来讲，油茶经营管理规范，油茶林投产早，幼林期就相对较短。油茶幼林期抚育的目的主要是提高油茶造林成活率，促进幼树快速健康生长，培养良好的树体结构，缩短油茶投产期，并为后期的生产奠定物质基础。三华油茶造林主要采用大规格容器苗造林，极大缩短了油茶投产期和劳力投入，为提高油茶早期经营效益，保障后期连续丰产，还应加强整形修剪、土壤管理、水肥管理等措施。根据原国家林业局下发的《关于印发〈油茶林抚育改造技术指南〉的通知》，油茶林抚育中要注重区域生态保护，最大限度减少对土地、水及其他林木资源的干扰；采用现有综合技术集成配套，确保提升油茶经营可持续生产能力。

一、补植培蔸

油茶苗种植以后，可能由于天气原因、种苗质量、病虫害和栽种技术等方面的原因，常有一部分苗木不能成活。如果种植次年秋天发现缺穴，需要在冬天或第二年早春，要以同龄同品种壮苗进行补植，并加强管理，使补植苗与林地幼苗生长基本保持一致。同时对未栽正的或根系裸露的苗木要及时扶正及培土（图4-1）。

二、土壤管理

（一）林地清理

清除油茶栽植时遗留在林地当中的藤灌木、杂草、寄生植物和其他混生的林木树种等，前茬植物为油茶林的，特别要注意清理老油茶林的萌条等。

图4-1　培蔸

种植前4年均应当及时砍杂，中耕除草，扶苗培蔸。松土除草每年夏、秋各一次。禁止用除草剂进行除草，可以选用一些生物除草剂，不仅不会影响油茶幼苗生长，还避免了化学除草剂给环境带来的污染。最好选用割草机等进行物理除草（图4-2）。

图4-2　割草

（二）覆盖

油茶幼林期比较长，土壤裸露较多，因此有必要进行覆盖。地表覆盖可以减少土壤中热量向大气中扩散，可使表土层的土壤温度提高3～5℃，能促进油茶根系生长，同时还可以保持土壤水分，有利于土壤保墒。此外，进行地表覆盖可防止杂草生长，减少除草工作量。因此，新造林种植后在树蔸四周铺盖稻草、黑地膜、地布等或者抚育时铲下的杂草等进行覆盖并压上薄层泥土，以利于保湿保苗。近年来，出现了油茶覆盖生态垫，有效提高油茶造林成活率，同时改善油茶新造林地土壤水热气交换，增加土壤微生物，促进苗木生长。此外，还有一些反光膜等材料可以使用（图4–3、图4–4）。

图4–3 幼林覆盖

图4–4 生态垫覆盖

（三）蓄水保土

资料显示，油茶幼林的土壤侵蚀量为0.139～0.341t/（hm^2·a），在油茶幼林中套种花生、大绿豆等能有效减少土壤侵蚀，因此可以在油茶幼林中进行间种蓄水保土。此外，可以沿环山水平方向开竹节沟，沟底宽、深均30cm以上，节长因地而定，一般1.5～3m。沟间距，坡度15°以下为8m，15°以上为6m，结合垦复每年清沟一次。有条件的地方，结合垦复逐年修筑等高水平梯带，防止水土流失（图4–5）。

图4–5 竹节沟

三、水肥管理

（一）滴灌设施

夏季高温少雨是油茶幼林成活和生长的重要限制因子，而油茶林地往往地处远离水源的地方，如何提供充足的水分成为油茶幼林经营的重要课题。随着新灌溉技术的普及和推广，特别是水肥一体化技术的成熟，以及建设成本的下降，现在越来越多的油茶幼林建设了喷灌或者滴灌设施（图4-6）。这些灌溉措施能有效地控制土壤最适宜水分，并可以实现水肥同时供应，节省肥料和水分。据研究，滴灌比其他的灌溉方式省水20%～50%。同时还可以节省劳动力，便于机械化作业，同时对土地平整要求不高，高地、坡地均能均匀灌水，避免了灌溉时大水流对土壤的冲刷，定向灌溉减少水分被杂草利用。因此，特别适合于油茶林地干旱缺水的环境。

图4-6　滴灌设施（左继林摄）

（二）施肥

1. 基本原则

油茶幼树施肥总原则：树以营养生长为主，施肥以施氮肥为主，配合磷钾肥，主攻春、夏抽梢。油茶新造林施肥应做到：适当施肥、合理追肥，这是油茶幼林树生长必要措施，造林后第一年可以不施肥。第二年为促进幼树营养生长，以追施氮肥为主。第三年后始花始果做到氮、磷、钾合理搭配。在幼树生长过程中，根据幼树长势色泽，可以适当补充微量元素硼、镁、锰、锌等。目

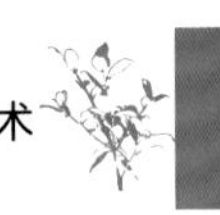

前，随着对油茶林地养分概况以及养分需求的越来越深入，以及分析技术的发展，大量的土壤和植物测试分析机构出现，使得进行科学精准施肥成为可能，有条件可以根据油茶林地土壤质量评价系统和树体营养诊断技术体系，了解种植区的林地养分概况，并根据油茶养分需求规律，尽可能做到测土配方，科学合理施肥，详见《油茶施肥技术规程》(LY/T 2750—2016)。

2. 施肥时间和施肥量

幼林需要根据油茶幼林生长特性，按生长发育需要施肥。在冬季多施有机肥，它是幼林整个生长期内营养的主要来源，施农家肥的一株油茶产量可高达10～20kg，在早春春梢萌动之前增施氮肥，以供应抽梢展叶等的需要。在造林前施足基肥的前提下，造林当年可以不施肥，采用容器杯苗造林可在春季4～5月结合除草抚育施肥一次，每株施尿素0.05～0.1kg。第二年起，每年施肥两次，春季3～4月结合除草抚育施中低浓度复合肥0.1～0.5kg/株。冬季11～12月施腐熟农家肥2～5kg/株或专用有机肥1～3kg/株。随着树龄的增加，施肥量可逐年适当增加，并适当增加磷钾肥比例，不同林龄施肥量见表4-1。

表4-1 油茶幼林施肥量 kg/株

肥料种类	2年	3年	4～5年	6～8年
复合肥料(氮、磷、钾总量≥25%)或有机-无机复混肥料(氮、磷、钾总量≥25%，有机质含量≥15%)	0.1～0.2	0.2～0.3	0.3～0.4	0.4～0.6
有机肥(有机质含量≥45%，氮、磷、钾总量≥5%)	1.0～1.5	1.5～2.0	2.0～2.5	2.5～3.0

3. 施肥方法

根据《油茶施肥技术规程》(LY/T 2750—2016)。树冠较小时，采用沟施方法，施肥沟须距离树干基部30cm以外，之后施肥沟在树冠投影线外沿，形状为平行或环状沟，沟长0.5～1.0m，沟宽20～30cm，沟深10～15cm，肥料与土拌匀后及时覆土，每年应更换施肥沟位置，可按东西、南北等不同方向进行交替更换。在坡度10°以上且未整梯的，油茶林地施肥沟位于植株的坡上方。

采用穴施的方法，即从苗的4个方向挖穴进行穴施，距离油茶树苗10cm左右(图4-7)。

图4-7 施肥

（三）叶面施肥

叶面施肥又被称为根外施肥，即将肥料溶解后以喷雾的形式直接喷洒于茎叶表面，通过渗透扩散作用被作物吸收利用，与土壤施肥相比，具有养分吸收快、利用率高、不受土壤逆境（干旱、盐碱、涝灾等）影响等优点。油茶幼林叶面施肥也是一种重要的施肥方式，可以根据植株生长发育状况，每年2次到3次。选用肥料种类和浓度可以是尿素0.2%～0.3%、磷酸二氢钾0.2%～0.3%，也可以是含腐殖酸的复合肥、氨基酸肥料、功能性肥料等。在新梢叶片全部展开直到全部转绿前均可施用，每次选用1种或者多种肥料混合施用。注意某些肥料和药剂不能混合施用，同时叶片完全转绿后由于蜡质层等的影响，施用效果将受到影响。

（四）水肥一体化

水肥一体化喷灌技术是现代化农业的重要手段，在发达国家已广泛应用。水肥一体化喷灌技术是借助地形自然落差或水泵加压，将可溶性固体或液体肥料，根据相应油茶生长需肥规律和特点，配兑成肥液，通过管道系统与灌溉水一起施送给油茶，使油茶及时吸收所需的营养成分，促使油茶正常生长发育。水肥一体化喷灌技术是发展现代油茶产业的必由之路，该技术能够提高肥料利用率，节省劳动力成本，促进规模化生产，推动产业化经营，取得最佳的经济效益和社会效益。在一些集约化程度比较高的地区可以采用。

现在常用的水肥一体化有喷灌和微灌等形式。水肥一体化系统的构成包含有土壤环境、气象监测等多个传感器以及油茶树体监测传感器、过滤器、旋转微喷头等相关设备，同时还带有计算机操作平台、相关软件、移动终端APP等，最终实现手机、电脑的远程控制、状态监测等智能管理。常见的水肥一体化系统主要由三个部分组成，即首部系统设备、田间管网部分和中控管理平台部分。首部系统设备主要功能有肥料添加、肥料配比控制、肥料混合搅拌、肥液过滤、肥液监测、自动控制施肥等，核心设备包含智能水肥一体机、肥料桶、砂石过滤器、碟片过滤器、离心过滤器、电磁阀、流量计、压力表、注肥管路等。田间管网部分主要功能是供应水肥，其设备包括主管路、支管路、喷头、滴箭等。在生产中，需要根据具体施工要求和情况配备相对应口径的主管路和支管路等。中控管理平台部分由工控机、数据显示屏、水肥一体化系统管理云平台作为控制系统。把采集到的数据实时传输到云平台，在中控管理平台上显示，集中管理控制，其设备包括对讲设备、服务器、路由器等。

目前水肥一体化系统的成本不尽相同，根据油茶林地实际条件，特别是高差、材料设备型号选择、系统设计寿命等存在很大差异。对油茶来讲，建设水肥一体化系统成本在1000元/亩左右，使用寿命可达5～10年。当然对于一些当地技术条件比较成熟、材料采购相对比较方便的林地也可以采购配件，设计安装，造价成本将会更低（图4-8）。

图4-8　油茶水肥一体化

四、整形修剪

油茶定植后，在距接口60cm左右定干，逐年培养正副主枝，使枝条比例合理，均匀分布。截干后待其萌发新枝，从中选留不同方位、上下间距10～15cm的健壮枝条4～5个，作为骨干枝。幼林修剪整形，以轻度修剪为主，控制徒长枝，促进主侧枝生长，培育形成自然圆头形和开心形树冠。当主枝间距过大时，宜选留有培养前途的分枝作为副主枝。主枝、副主枝间距宜保持60～70cm，使其所分生的侧枝均可受到充分的阳光。主枝基部或主干上所萌发的无用枝与过密枝，要早行除萌或及时剪去。

‘华金’树姿直立，树冠紧凑，幼树生长迅速，需要控制顶梢生长，同时控制脚枝；‘华鑫’树姿开张，幼树枝条较为稀少，注意培养骨干枝条；‘华硕’，树姿开张，合理培养骨干枝，适当拉枝。具体的整形方法如下：

自然圆头形。在离地面30～40cm高的主干上，选留3～4个向四面均匀开张的主枝，错落排列在中心主干上；在每个主枝上均匀交错地选留3～4个侧枝，第一侧枝与中心主干的距离应为40～50cm，使其逐渐扩大形成树冠，剪去主干30cm以下的下脚枝、衰弱枝、交错枝和病虫枝，短截生长过于旺盛的伸长枝，使树冠形成球形。

自然开心形。首先要培养骨干枝，尽量保留油茶造林后1～2年顶端萌发的春梢和夏梢，对树干离地面30cm以下的侧枝应及时全部疏剪。最终形成全树3～5个主枝轮生或错落着生在主干上，主枝的基角为40°～50°，每个主枝上着生2～4个侧枝，同一主枝上相邻的两个侧枝之间的距离为40～50cm，侧枝在主枝上要按一定的方向和次序分布，不相互重叠。

疏散分层形（图4-9）。该整形修剪时间需要6～8年。在40～60cm高的主干上，分年度选留2～3层主枝，然后再培养出不同的侧枝，三主枝的层内距应为60～70cm，且要错落排列开，避免邻接，防止主枝长粗后对中央干形成

图4-9　油茶拉枝（疏散分层形）

“卡脖”现象。在2～3年生油茶树定干后，要及时选留3个不同方向的第一层主枝，且要错落排列，避免邻接，第一层主枝一般为3～5个，三主枝的水平夹角应是120°，与中心领导枝的夹角为60°～65°。之后间隔2～3年在层间距60～80cm的位置选留2个第二层和第三层主枝，第二、三层分别选留2～3个侧枝，侧枝与主枝的水平夹角以45°左右较理想，基部三主枝上选留的靠近中心干的第一侧枝，要选主枝的同侧方向，避免出现“把门侧”。

五、间种套种

（一）概况

油茶初植时间，由于造林时采用全垦等方式，地面覆盖度小，地表裸露，水土容易流失（图4-10）。同时株行距往往超过3m×3m，充分利用剩余空间开展间种套种，是非常重要的一种经营措施。现有油茶林主要分布在水土流失严重、土壤有机质含量极低的丘陵红壤地区，或不恰当整地致水土流失，或滥用

图4-10　全垦整地容易导致水土流失等问题

除草剂致寸草不生，或疏于管理致杂草丛生，成为油茶早实、丰产、稳产的重大障碍。另一方面，油茶投资见效期长，前期投入大，早期效益差，经营企业普遍资金短缺，油茶新造林抚育管理难到位，甚至重新丢荒。随着经济的不断发展，我国的农业经营模式发生了新的变化，农林复合经营模式逐渐发展起来，给农业生产带来了更多的经济效益和生态效益，新时代科技的发展加速了农林发展的速度，使得复合系统的收益远远超过单一的农业生产的产出和收益。因此，农林复合经营集生态效益、经济收益和社会效益于一体，大大改善了农业单一的生产模式。针对当前油茶林地土壤肥力低、林地养分利用率低、地力衰退、早期效益差等突出问题，开展油茶幼林间种套种，达到保持水土、维护地力、以短养长、以耕代抚的效果，最终实现油茶林生态优良、产品优质、产出高效的经营目的，从而促进油茶良好的经济效益和生态效益，具有十分重要的意义。

从20世纪50年代至今，我国林学家就开始对油茶套种模式进行研究，在油茶林地套种农作物、绿肥及中草药等方面积累了一定的经验并取得了较好的科研成果。长期以来，广大林农普遍在油茶幼林中实行 2～3年套种或间种。套种作物如花生、红薯、大豆等 1年生经济作物，黄花苜蓿、紫花苕子、红花草子等绿肥作物，以及各种林下中药材。科研人员对不同种植模式油茶树生长状况、小气候环境条件、农作物光合特性以及产量效应、土地利用效率进行研究，并从土壤含水率、有机碳以及养分含量、土壤酶活性、土壤微生物数量分布等方面进行综合分析，筛选出适宜当地油茶林下间作模式，间作的优势越来越得到认同。间种黑麦草、百喜草、紫云英等绿肥，可以保持水土，改良土壤。油茶幼林间作后行间基本上为绿色植物所覆盖，利于保持水土。间作物的根系，特别是豆科作物的根瘤还可改善土壤的结构，增加土壤中的有机质，提高土壤的肥力。同时，间作可抑制林地内杂草的生长，把间种套种植物的管理与油茶幼林管理统一起来，不仅促进间作植物高产优质，又能促进油茶树的生长发育，不仅节省劳动力，还能实现林粮兼顾。目前，成熟的间种模式有林草模式、林粮模式、林药模式、林油模式等，如春季作物有马铃薯，夏季作物有黄豆、花生，冬季有油菜、豌豆、蚕豆等，作物采收后应将作物秸秆及时压青。常见的油茶林下间种作物及其种植方法可以参考《油茶林下经济作物种植技术规程》(LY/T 3046—2018)。

但是在间种过程中，还需要注意一下间种作物选择、经营强度等问题。首先是选择间种的作物，油茶林地水肥条件比起农田来说，相对瘠薄，因此开展油茶幼林间种，应当选择适应性较强，耐干旱瘠薄、耐酸性、病虫害少的矮秆、早熟、高产的作物，同时还应结合市场需求，以免出现有产量没效益的情况。此外，间种作物种植密度的问题也需要考虑，间种离油茶过近，容易引起与油茶幼树争水、争肥、争空间的矛盾，一般情况下，在油茶幼树周围50cm以内不能套种作物，以免影响油茶正常生长。间种太远容易出现林地浪费等情况。此外，间种作物应实行轮作制度。在同一块林地里长期间种同一作物，常导致土壤肥力的降低和某些病虫害的发生。如实行一季豆科作物，一季绿肥作物轮作，可以提高土壤肥力，减少病虫为害（图4-11）。

图4-11 间种辣椒

（二）林草模式

在油茶幼林进行林草间作是改变传统油茶林地土壤管理模式，走用地与养地相结合的可持续发展之路，已成为油茶产业的重要方向。目前，生草栽培已经成为一种新的园地管理模式，大量研究结果表明，生草能够改善林木的生长环境，提高果实品质，利用园地生草来替代传统的清耕管理方式，极大地推动了园地生草制的迅速发展。大量研究发现，生草栽培具有冬春季增温、夏季降温的作用，春季可增温1℃以上，夏季可降低土壤温度达12.5℃，有利于保持土壤水分，尤其是南方干旱少雨的七八月份，可使0～20cm、20～40cm、40～60cm土层的含水量分别提高15.90%、7.14%和2.78%；生草栽培还能降低土壤容重、提高孔隙度和田间持水量；此外，生草栽培显著提高土壤中有机质、速效磷和速效钾含量（图4-12）。

图4-12　幼林种草

油茶生草栽培中，要选择适宜油茶林地生长的草种，根据实际情况确定刈割时间、刈割次数等，实现覆盖地表和培肥地力、保护和利用林地的平衡。除了种草，还可以采用保留林间自然草，去除恶性草的生草模式。关于油茶幼林生草栽培的技术要求等，可以参照《油茶幼林生草栽培技术规程》（DB43/T 1426—2018），该技术规程详细规定了油茶幼林生草栽培的林分选择、草种选择、种植带整理与播种、生长期间（含自然生草）的管理（苗期杂草防除、施肥、灌溉、刈割利用）、埋草及越冬覆盖等的操作要求（图4-13、表4-2、表4-3）。

图4-13　刹割培肥

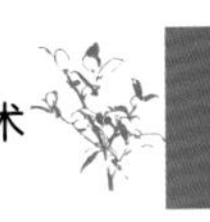

表4-2 适宜人工生草草种的生物学特征

种名	科名	属名	一种拉丁名	生活型	茎特征	根系特征
百喜草	禾本科	雀稗属	*Paspalum natatum* Flugge	多年生	直立	直根系
黑麦草	禾本科	黑麦草属	*Lolium perenne* L.	多年生	直立	须根系，入土浅
鼠茅	禾本科	鼠茅属	*Vulpiam vuros*（L.）Gmel	一年生	自然倒伏后匍匐生长	须根系，入土较深
圆叶决明	豆科	决明属	*Chamaecrista rotundifolia*（Pers.）Greene	多年生	直立	直根系，侧根较发达
紫花苜蓿	豆科	苜蓿属	*Medicago sativa* L.	多年生	直立	直根系，入土较深
紫云英	豆科	黄芪属	*Astragalus sinicus* L.	多年生	半直立	根蘖型，入土较深

表4-3 适宜人工生草草种的播种与管理方法

种名	播种时间	条播适宜 播种量（kg/hm²）	播种方式	播种深度（cm）	年刈割次数（次）	留茬 高度（cm）	利用方式
百喜草	春播或秋播	7.5	条播或撒播（或以匍匐茎扦插）	0.5～1	1～2	3～5	生草覆盖
黑麦草	春播或秋播	15	条播或撒播	1～2	1～2	5～8	刈割—覆盖
鼠茅	秋播	16	撒播	2～3	1	不留茬	深翻掩埋，培肥土壤
圆叶决明	春播或秋播	7.5	条播	2～3	1～2	5～8	刈割—掩埋—堆沤肥料
紫花苜蓿	春播或秋播	18	撒播	1～2	2～3	3～5	刈割—覆盖
紫云英	春播	16	条播	1～2	1～2	不留茬	深翻掩埋，培肥土壤

注：撒播播种量为条播播种量的1.2～1.3倍。

（三）林药模式

在油茶幼林中套种中药材，首先要在药材种类选择、种植方式、管理技术、收获加工等方面做好相关技术准备。其次在生产中一定要根据《中药材生产质量管理规范》的有关规定，生产符合中药材质量标准的药材。还要按市场要求运作，充分利用地方区位优势，才能获得稳定的发展与较好的经济效益。目前，在林下套种玉竹、七叶一枝花、迷迭香等低矮的中药材，实现改良土壤肥力的同时达到以耕代抚、以短养长的作用。林下间种药材需要注意很多方面，比如套种玉竹，按照土地利用率50%～60%计算，每亩需要用种

120～150kg。栽培时间以9～10月最佳，3～4年后可以进行采收，每亩产新鲜玉竹达1800kg，折合干玉竹约450kg。迷迭香为多年生草本药材，在油茶幼林间种迷迭香可以实现一次种植多次收获，每亩每年可收迷迭香鲜叶500kg左右，一般可以连续收获5～8年，间种结束，油茶正好进入郁闭丰产期（图4-14、图4-15）。

图4-14　间种玉竹

图4-15　间种迷迭香

六、病虫害防治

油茶幼林相对容易感染病虫害，所以需要高度重视。油茶病虫害的防治不能等到病虫害爆发乃至蔓延的时候才采取措施，而应该坚持预防为主、综合防治的理念，将病虫害的负面影响控制在萌芽阶段。不仅如此，病虫害防治需要与树体管理结合起来，在病虫害发生的初期阶段，根据病虫害的成因以及症状，选择适宜种类与适宜剂量的杀虫剂、杀菌剂，最大限度地降低病虫害对油茶发育的影响，也尽可能减少药剂对树体的影响。油茶幼林容易产生的虫害有油茶炭疽病、油茶茎腐病、油茶烟煤病以及油茶软腐病等，油茶炭疽病的表现为病果初生黑色的斑点，随后黑色斑点会不断扩大，形成黑色的圆形病斑，当病害严重时甚至还会出现全果变黑的现象。油茶茎腐病在湿热天气容易发生，初期在离地面2～3cm的茎部出现裂开和脱皮的现象，脱皮长度约5cm，导致大面积的油茶幼林倒伏死亡。可以采用覆盖、生草栽培等方法，有效地预防了油茶茎腐病发生；病害发生后，及时培土和进行必要的养分管理，能挽救85%以上的苗木。

第五章 成林管理技术

三华油茶因产量高、果实大且稳产，对成林的管理措施要求更高。一般来讲，三华油茶嫁接苗，3年开始结果，6～8年逐渐进入盛果期，经济收益长达30～50年。在盛果期内，树高一般应达到1.5～2m，树冠2～2.5m，油茶树每年生产大量的果实，亩产鲜果达1000kg以上，需消耗大量的养分和水分，所以三华油茶成林抚育的主要工作是在稳定油茶林地土壤肥力的基础上，进一步加强土、肥、水的管理，维持较强的树势，为连年的丰产稳产奠定物质基础。成林管理的技术要点：加强林地土、肥、水管理及病虫害防治，保持良好的树形，保持树体内的透光度，常态性注重病害、虫害的防治，确保稳产、高产态势。

一、树体管理

在每年果实采收后至翌年树液流动前，开展树体管理工作，主要包括剪除枯枝、病虫枝、交叉枝、细弱内膛枝、脚枝、徒长枝等。修剪时要注意因树制宜，剪密留疏，去弱留强，弱树重剪，强树轻剪。

（一）基本原则

1. 因品种修剪，随枝造型

三华油茶的生长发育具有一定的规律，而在栽培条件和人为条件的影响下，不宜采用一种模式进行修剪。要根据3个品种的生物学特性、不同的生长发育时期及树体具体情况，确定应该采用的修剪方法和修剪程度，以达到修剪的最佳效果。一般情况下，‘华金’和‘华鑫’适宜修剪为自然圆头形，‘华金’也可以根据宽窄行种植、便于机械化种植等，整形为高干形；‘华硕’一般修剪为开心形或者疏散分层形（图5-1～图5-3）。

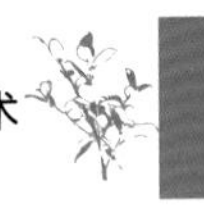

图5-1 ‘华金’适宜树形

图5-2 ‘华鑫’适宜树形

图5-3 ‘华硕’适宜树形

2. 统筹兼顾，合理安排

根据三华油茶栽植模式、栽植密度、地形地势等因素选择适宜的树体骨架，做到有形不死、无形不乱，灵活掌握修剪树形，不宜片面追求某一个树形，既要考虑来年生长结实情况（即长远规划），又要考虑当前的实际需要。针对具体品种、不同植株或枝条要灵活处理，建造一个符合丰产、稳产树体的结构，做到主次分明、层次清楚，既不能影响早期产量，又要建造丰产树形，使生长与结果均衡合理。

3. 轻剪为主，轻重结合

根据三华油茶年生长发育规律和生命周期发育规律，修剪的主要目的和方法也有差异。‘华硕’长枝条较少、不易徒长，因此在不同生长时期都需要以轻剪为主，主要疏除交叉重叠枝、病害枝等；而‘华金’生长势强，树形相对紧凑，修剪时较重，主要疏除内膛枝，开张骨干枝角度，使树体长势中庸，促进通风透光；‘华鑫’树势没有前两个品种强，因此还是以轻剪为主。总之，修剪要做到轻中有重，重中有轻，轻重结合，调节树体生长势，解决好生长与结果的关系，减少大小年的发生，维持较长的经济结果年限，达到丰产稳产的目的。

4. 轻简管理，控制成本

相对于果树，油茶整形修剪存在修剪难度大、成本较高等问题，因此油茶修剪一定要注意把握主要矛盾，采用较少投入实现目标。在生产中，根据3个大果型油茶良种的树体特点和确定的适合树形，广泛采用机械修剪为主、人工修剪为辅的树体轻简管理技术，‘华硕’主要清除徒长枝和下脚枝；‘华金’主要清除内膛过密枝条；‘华鑫’和‘湘林XLC15’主要清除下脚枝和重叠枝等，保持林内通风透光，提高坐果率和单位面积产量，降低油茶整形修剪成本。

（二）修剪方法

修剪后的具体目标，即树体结构达到“小枝多、大枝少，枝条分布合理、均匀，内部通风透光、光能利用增强，上下内外都开花，形成立体结果”的骨架结构。在每次修剪时，及时剪除枯枝、病虫枝、徒长枝、过密枝、平行枝、重叠枝和交叉枝。做到枝条不交叉、不过密、不重叠、分布均匀，留着必有用，无用则不留。

1. 结果枝的修剪

三华油茶结果枝较多，特别是‘华硕’，因此在修剪过程中，通常修剪特别细弱、交错、过密和有病虫的结果枝或枯死结果枝。修剪强度不宜过大。

2. 下垂枝的修剪

三华油茶随着年龄增长，因为萌发或者果实过多，下垂枝可能增多。这些枝条着生过低，受光不足，着果率低，消耗养分甚多，而且影响中耕垦复或间伐，成为“懒汉枝”，所以需要及时清理。如果林分郁闭度不大，或者土壤瘠薄，水肥供应不足，则修剪强度不宜过大，需要进行机械操作，则需要适当重剪。剪去下垂枝之后，油茶冠形能恢复到原来的自然圆球形即可（图5-4）。

图5-4　清理下垂枝

3. 徒长枝的修剪

徒长枝是生长过旺而发育不充实的一种发育枝。徒长枝往往生长旺盛，常常造成内膛郁闭，扰乱树形，消耗大量养分，使油茶树生长减弱，小枝枯死，花果极少。因此，结果初期的徒长枝不宜保留，全部剪去。对衰老期的油茶树，要有目的地选留徒长枝，为更换树冠或主枝做好准备。生长在树干或其他枝叶密生的主枝上的徒长枝，应全部剪去。若生长在主枝、副主枝受损伤之处，则可以保留，利用徒长枝来更换树冠，延长结果年限。

4. 交叉枝和内膛枝的修剪

油茶树体上往往存在交叉枝和内膛枝相互交叉，重叠密接分布混乱，使树冠挤压，通风透光不良，易受病虫危害，花果甚少，须及时修剪。若枝条仍然交叉密接，可再适当疏剪，以使其通风透光，增加树冠内部结果面积。成林低产植株经过修枝后，应该达到小枝多，大枝少，枝条分布合理、均匀，内部通风、光照条件好，上下内外都开花，形成立体结果，提高产量。'华金'在修剪过程中，要特别注意交叉枝和内膛枝的修剪，以免内部出现枯枝，病虫害严重，或者果实变小、含油量变低等现象出现。

5. 病虫枝、枯枝的修剪

对于一些染病的枝条、虫害枝条应当及时剪去，因光照、干旱等造成的枯枝也要技术疏除。

（三）注意事项

在油茶修剪过程中，一是要注意修剪时间，一般情况下油茶修剪应当安排在果实采收以后，如出现病虫害枝条等也可以在生长季节修剪。另外，除了人工修剪以外，目前还有很多气动剪等机械设备，还有长把修枝剪、高枝剪、手锯等工作，针对不同修剪目的等选择不同的工具，较大树杆需用手锯锯断，锯条与被锯枝应垂直，保证锯口光滑。树体大的伤口及时涂药消毒，以防病虫害侵腐。

二、土壤管理

（一）垦复

成林的土壤管理首先应该是连根清除林内“三杂”（杂灌木、杂竹和深根性杂草），林地清理后应及时深挖垦复，大块翻转土壤，耕深30cm以上。以后隔年垦复1次，在冬季或早春进行深垦，耕深冠外20～30cm，冠内10～15cm；

夏季浅垦培蔸，耕深约10cm。目前，有很多机械可以用于垦复，有小型山地旋耕机等，可以节省很多人工（图5-5、图5-6）。

图5-5 林地垦复

图5-6 机械垦复

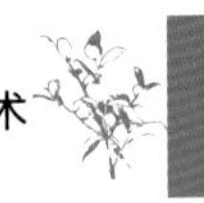

因地制宜采用全垦、带垦、穴垦等方法，可一次性或轮替垦复完。坡度小于15°的林地，全垦。山脚留5m宽以上植被带。坡度15°～25°的林地，带垦。垦2行留1行，垦复带宽6～8m，生土带宽3～4m，垦复带下方筑宽40～60cm、高20～30cm土埂作水土保持带。坡度25°以上的林地，完全带垦或轮替带垦。完全带垦的垦1行留1行，带宽4m以下；轮替带垦的整行或半行轮替，2年轮替垦完。结合深翻，可撒施50kg/亩生石灰进行土壤消毒。

（二）培肥地力

加大有机质投入，培养土壤基础肥力，成为油茶增产的主要技术措施，在生产中一定要注意培肥地力，实现经济有效、生态安全的可持续发展目标。判断土壤肥力的核心指标是有机质含量多少，目前油茶林地土壤的有机质含量不到1%，但是按照果树林地标准，有机质含量应该达到3%～5%为宜。因此，需要通过种植绿肥、翻压绿肥、增施粪肥、土杂肥、饼肥以及有机肥等方法，逐步提高土壤有机质含量。同时通过石灰施用等调节土壤酸性，实现土壤基础地力的逐步提升，保障油茶的丰产稳产。

三、水肥管理

（一）水分管理

油茶种植地区平均高温值在 7月 8日起达到36℃以上，并一直维持到 8月末。以夏秋旱为主，春旱次之。一般年份，干旱期分为两个阶段：第一阶段出现在 6月底至 7月下旬，第二阶段出现在 8月中下旬至 9月下旬。而这两个干旱期之间的 7月底至8月上旬，7～9月的降水量大多不足300mm，出现“夏旱连秋旱”，严重影响油茶幼苗的栽植成活率及生长结实。夏、秋季正值果实膨大和油脂转化关键时期，若遇上干旱，将造成油茶减产达到 30%以上，严重时甚至可能绝收，严重影响油茶产量和品质（俗称“七月干果，八月干油”）。据观测，油茶旱季喷灌，可降低落果13%，每亩年均产茶果比对照增产51.11%。因此加强水分管理是油茶丰产丰收的关键技术措施之一。目前主要采用覆盖等简易措施进行保水，用稻草、锯末等覆盖在油茶植株基部，既可以抑制杂草生长，同时使得地表温度降低1～2℃，土壤含水量增加1%～3%。覆盖时间：在春抚进入伏天前进行（图5-7）。

图5-7　覆盖（左继林摄）

有条件的地方，将修剪、除杂等产生的剩余物，比如修枝亮脚、劣株更换等改造作业产生的油茶植株、枝丫、树蔸、杂草灌木及其粉碎后的木屑（混合）等，就地覆盖、堆沤成为的发酵产物，或经过资源化处理后还林还山，覆盖在全林、行间、种植带、树盘等，也可以实现保持水土、培肥地力和发展林下经济，实现资源循环和营养多级利用。

此外，在集约化经营的地区，可以建设供水设施，进行林地灌溉，主要在7～9月油茶果实生长的高峰期，加强灌溉，可以有效地起到减少落果、提高出油率的效果。

目前，保水剂也逐步应用到油茶林中，它是一种吸水能力特别强的功能高分子材料树脂，能吸收相当自身重量成百倍的水，同时能反复释水、吸水，因此被很多人称为“微型水库”，在农林业上应用广泛。保水剂不溶于水，可有效抑制水分蒸发，具有吸收和保蓄水分的作用，同时也可以固定水中的营养物质，减少了可溶性养分的淋溶损失，达到了节水节肥、提高水肥利用率的效果。同时还对土壤温度、土壤结构等有一定的调节作用（图5-8）。

图5-8 高分子保水剂

（二）养分管理

1. 培肥地力

实现油茶提质增效的关键在于土壤，“养根壮树，根深叶茂，土肥产量高”，要提高地上的油茶果产量，必须首先进行林地肥力提升。土壤肥力因子包括土壤有机质含量、土壤酶活性、土壤养分含量、土壤微生物群落以及土壤水源涵养能力等。根据吴立潮等的研究，油茶林地土壤有机质含量低是油茶增产的主要限制因子之一。因此，如何提高油茶林地土壤有机质含量成为产量提升的关键措施。当前，通过生草栽培、有机肥和农家肥施用等生态经营措施，能够有效提高油茶林地有机质含量，在生产中一定要注意。

2. 营养诊断

足够的林地养分含量是保障油茶高产最重要的因子之一，评价土壤养分是否足够呢，需要开展土壤和植物营养诊断，即指应用可靠的诊断技术和标准，评价土壤和林木的营养状况，检验林木需肥和施肥的效果。土壤及林木的营养诊断是林木合理高效施肥的前提和基础。当前，越来越多的分析测试机构能够开展土壤和植物分析，让配方施肥和精准施肥成为可能。同时越来越多的科研机构进行了相关研究，丰富的资料可以提供给生产上参考。

如中南林业科技大学通过测定高产林和低产林的叶片氮、磷和钾元素含量，运用DRIS原理，经统计分析和氮、磷和钾 DRIS参数的筛选，建立了油茶林叶片DRIS初步诊断分级标准、诊断图。初步诊断标准（表5-1）：叶片含量以高产组单个元素叶片浓度平均值作为参比值，偏离 ± 4/3标准差为适宜范围，偏离 ± 4/3 ~ ± 8/3标准差为潜在缺乏（偏低）或潜在过量（奢侈吸收），偏离 ± 8/3标准差以上为严重缺乏或过量毒害，此诊断标准可以初步诊断油茶养分丰缺，例如某地油茶林叶片中氮、磷和钾含量分别为3.25g/kg、1.02g/kg，2.63g/kg，对照表5-1中分级标准，说明该林分氮是潜在缺乏的，磷是适宜的，而钾也潜在缺乏，但是钾缺乏值不高，所以在施肥时应该多施氮肥，适当补充钾肥，少施或不施磷肥，以补充林地养分，调节林地营养平衡。

表5-1　养分初步分级标准 g/kg

养分元素	严重缺乏	潜在缺乏	适宜	潜在过量	严重过量
氮	<0.64	0.64 ~ 4.23	4.23 ~ 11.39	11.39 ~ 14.98	>14.98
磷	<0.16	0.16 ~ 0.51	0.51 ~ 1.23	1.23 ~ 1.58	>1.58
钾	<1.20	1.20 ~ 2.77	2.77 ~ 5.89	5.89 ~ 7.46	>7.46

图形诊断：以高产组氮、磷/钾和磷 × 钾的平均值为圆心画两个同心圆，内圆半径用平均值加减其标准差的2/3表示，外圆半径用平均值加减其标准差的4/3表示，制成DRIS诊断图（图5-9）。同样以某油茶林叶片养分含量为例，叶片中氮、磷和钾含量分别为3.25g/kg、1.02g/kg和2.63g/kg，该地区其养分比值及其落在诊断图中的位置分别是：磷/钾=3.186，其比值落在两个同心圆之间下半部分，表明其比值偏小，应增加氮或是减小磷的量；磷=1.02，在小圆中，表明其是适宜的，磷 × 钾=2.683，其落点也在两同心圆之间下半部分，应增大其值，可增大磷或钾的量。综合分析得出，由于林地土壤磷的含量是适宜的，所以应增施氮肥和钾肥，可使养分达到平衡，这个结果和初步诊断分析的结果是一致的。

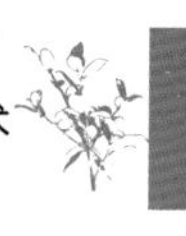

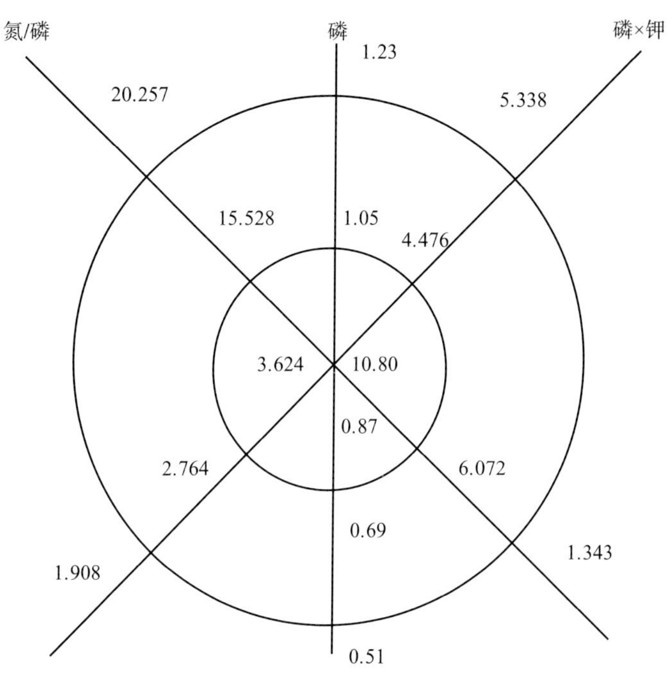

图5-9 氮、磷、钾 DRIS诊断图

目前，国家通过土壤普查等方式，建立了土壤肥力数据库等［中国土壤数据库（http://vdb3.soil.csdb.cn/）］，可以查询到当地大致的土壤肥力数据。同时现在也有人利用叶绿素仪无损快速测定油茶林氮素养分，具有一定的参考价值。

3. 施肥

为了克服油茶大小年，进行油茶施肥是必须的，大年以磷钾肥、有机肥为主，小年以氮肥和磷肥为主（图5-10）。每年每株施

图5-10 穴施

复合肥0.5～1.0kg或有机肥1～3kg，以有机肥的施用为主，采用沿树冠投影开环状沟施放（图5-11）。

图5-11　环施

四、花果管理

（一）保果素施用

三华油茶在开花结实阶段，通过在花芽分化时期、开花期、坐果期，合理喷施叶面肥、植物生长调节剂和保花保果剂（油茶保果素），可以促进花芽分化和果实发育。常用植物生长调节剂和叶面肥包括萘乙酸、芸苔素内酯（云大120）、赤霉素、尿素、过磷酸钾、硫酸镁、钼酸铵、硼酸等。还有很多商用植物生长调节剂可以使用，但是新的植物生长调节剂使用前应进行小面积试验，以免产生危害。同时目前中南林业科技大学开发出能有效提高油茶坐果率的专利产品“油茶保果素”，该产品富含油茶开花结果必需的

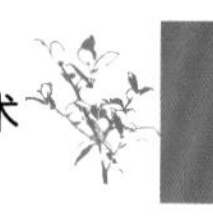

硼、钾、磷、钙、镁、维生素类、吲哚乙酸、赤霉素、氨基酸、葡萄糖等多元营养成分及调节成分，可在油茶花期喷施后有效调控养分和激素平衡，及时补充开花期的营养消耗，促进花粉萌发，同时增加花粉管在花柱内的生长速度，促进其授粉受精的完成和幼果发育，进而提高坐果率。通过连续3年对低产油茶林进行坐果调控试验研究和大量推广应用表明，可增产50%以上，效果显著。其施用方法为每包兑水15kg，在油茶盛花期对油茶花部位喷洒2～3次，可提高坐果率45.0%以上，同时可以促进果实发育，减少落果，具有使用方便，操作简单，节省工时，使用范围大，不易产生药害，对人体无毒、无副作用等特点（图5-12）。

图5-12 保果素喷施

当前，无人机技术发展为油茶施用保果素等提供了便捷高效的方式。传统人工施药，每人每天施药5～10亩，而且药剂兑水直接喷到植株上，药剂一半都会从植株滴落到泥土里，浪费药剂且不环保。而无人机喷洒技术采用雾化喷洒方式，雾化颗粒细小可直接黏附在植株上，药剂喷洒在植株上不会掉落全被植株吸收，这样至少可以节约30%的农药使用量，节约80%的用水量，很大程度地降低资源成本，对大气、土壤危害少，施药均匀，节药环保。同时无人机施保果素是传统人工施用效率的15倍以上，极大提高了施用效率，节省了人力成本，目前很多技术服务公司均可以提供该项服务（图5-13、表5-2）。

图5-13　无人机喷施保果素

表5-2　无人机喷施价格

名称	单价	面积
保花保果飞防服务费	15元/亩	5000亩以下
	14元/亩	5000~10000亩
	13元/亩	10000亩以上
病虫害防治服务费	25元/亩	5000亩以下
	24元/亩	5000~10000亩
	23元/亩	10000亩以上

（二）引蜂授粉

在油茶林中进行放蜂可以有效提高授粉效率，一般在油茶的花期（每年10~12月），可选择合适的蜂群，在油茶林进行人工放蜂辅助授粉。在放蜂前后，应定期给蜜蜂喂食“解毒灵”或“油茶蜂乐”。目前社会上已有在油茶林多年进行驯化过的蜜蜂，已批量对外出售，请多关注这方面信息，慎重引进试验。油茶授粉昆虫主要有大分舌蜂、纹地蜂、湖南地蜂等，对主要授粉昆虫及其栖息地应加以保护。在新开辟的油茶林地，宜进行人工引放授粉蜂。在

油茶林地中，还有湖南地蜂等野生蜂群，要注意保护野生蜂巢穴，如果是新造油茶林，在林地清理和整地之前，可以注意巡查野生蜂的巢穴，一般野生蜂巢口四周有细土覆盖，踏查发现野生蜂的巢区马上进行标记，并采取措施避免人工活动对其栖息地环境的破坏。随着油茶林的生长，尽量采用生草栽培等生态方式，避免大面积施用除草剂和杀虫剂，保留适量的草遮盖的方式来保护蜂巢（图5-14）。

图5-14　林地养蜂

五、生态经营

（一）产生背景

油茶产业经历连年快速发展之后，产业规模和格局已基本形成，特别是三华油茶选育成功之后，营造的新造高产林即将迎来投产见效期，如何进一步提高产业质量和生产效率问题成为当前要解决的重要问题。众所周知，油茶投资见效期长，前期投入大，早期效益差，经营企业往往规模不大，持续投入不足，普遍资金短缺，油茶新造林抚育管理难到位，甚至重新丢荒，这已成为制约油茶产业发展的重大难题。如何实现低成本轻简管理、高效生产以及生态保护等的综合目标，摆在新时期油茶种植业者面前。现有新造油茶林主要分布在水土流失严重、土壤有机质含量极低的丘陵红壤地区，或不恰当整地致水土流失，或滥用除草剂致寸草不生，或疏于管理致杂草丛生，林分质量差，林地利用率低，可持续经营能力弱。另一方面，油茶林地管理机械化程度还很低，而农村剩余劳动力稀少，难以实现精细化、标准化管理。因此，探索建立一套投资少、见效快、实用可行、经济效益和生态效益好的油茶林经营模式和技术，是当前油茶生产中亟待解决的技术问题。经过科研单位、种植业者等多方面探索，发现必须要按照油茶林生态经营理念和技术途径，根据“产业发展生态化”总体思路，综合运用应用生态学技术原理和轻简栽培技术手段，并吸收传统农林复合经营的精华，建立生态优良、产品优质、产出高效的可持续经营模式，才能有效保持水土、维持地力，同时显著提高林地资源利用率和前期效益，推动油茶产业技术的变革和发展方式的转变，表5–3为中南林业科技大学通过多年科研制作的生态效益模式比较分析，可以看出，采用生态经营模式有效增加前期投入，还对土壤肥力提高、水土保持、节约成本等具有重要作用。

表5–3　不同生态经营模式综合效益比较

万元

模式类型		经济效益				生态效益（简评）
		年产值	年投入	年利润	投入产出比	
单一模式	①林下生草栽培	11.66	5	6.66	1∶1.3	培肥地力 保持水土
	②林下黄菊生态种植	28.46	6.5	21.96	1∶3.4	改善环境 以耕代抚
“二合一”模式	③林下生草栽培+林下黄菊生态种植	25.13	6	19.13	1∶3.2	培肥地力 改善环境 以耕代抚
	④林下生草栽培+林下蛋鸡生态养殖	141.89	9	132.89	1∶14.8	培肥地力 共生利用
“三合一”模式	⑤林下生草栽培+林下黄菊生态种植+林下蛋鸡生态养殖	83.51	7.5	76.01	1∶10.1	培肥地力 以耕代抚 共生利用
“四合一”模式	⑥林下生草栽培+林下黄菊生态种植+林下蛋鸡生态养殖+金银花生态护坡	116.31	13.5	102.81	1∶7.6	培肥地力 以耕代抚 共生利用 保持水土
对照模式	⑦清耕作业（对照）	9.16	3	6.16	1∶2.1	

注：据2015年本项目各试验基地数据统计；投入产出比按每年流动资金计算。

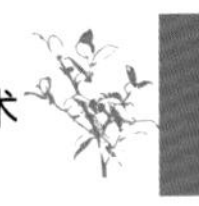

（二）主要模式

1. 林下生草

油茶新造林地表裸露、水土流失重、保墒能力弱，是导致地力下降、水分失调、林分质量差的重要原因之一。在油茶林下开展机械化生草—割草—覆草—埋草综合技术，实行以耕代抚，有效减少了油茶林地雨季地表径流、降低了地表蒸腾，改善了林地小气候环境，增强了保水蓄水能力，也提高了土壤有机肥力，从而促进油茶树体生长发育和早实丰产。相对于人工种草，机械作业是降低生草成本、减轻劳动力不足压力的重要途径。根据作业机械的工时效率、旋耕深度、推进方式、碎土率和油耗等指标，应当选取适合当地地形的作业机械。比如非常适合丘陵地翻耕作业的轻简机械（鑫源SRIZ-135旋耕机），其适应性强，体积小，使用灵活，操作简便，普通劳动力均可轻松操作，旋耕刀具经久耐用，耕宽（90～135.0cm）、耕深（≥14.0cm）适宜，并可人为调控，是丘陵红壤山地浅耕或中耕作业优良的机械装备。与人工作业比较，使用鑫源SRIZ-135旋耕机进行行间耕整作业，作业效率提高10.94倍，成本降低67%，全面垦复≥500m^2/h，行间垦复可达2亩/h以上，且油耗低，平均每亩可节约200元劳动力成本。

林下生草还需要注意草种的筛选。通过一年生黑麦草（*Lolium multiflorum*）、紫花苜蓿（*Medicago sativa*）、狗牙根（*Cynodon dactylon*）、百喜草（*Paspalum natatu*）、白三叶（*Trifolium repens*）等5个草种在湖南丘陵红壤区的种植试验，发现一年生黑麦草和百喜草在油茶幼林种植行间覆盖效果最好，紫花苜蓿效果最差。一年生黑麦草春夏季节生长速度极快，分蘖多，生物量大，可刈2～3茬，盛夏结实后地上部分枯死，结合覆草、埋草作业，可起到覆盖地表和培肥地力的良好效果。百喜草为多年生禾草，有粗壮多节的匍匐茎，适应能力强，耐牧耐践踏，适合放牧鸡、羊等家畜，可实现全林、全年地表覆盖，水土保持效果好（图5-15）。具体的草种筛选可见第四章第五节中林草模式相关内容。

此外需要注意的是，当前科研和生产中主要集中在人工生草，即在油茶林下行间或全林人工种植适宜草种，采用小型旋耕机耕翻整地，播种草籽，出苗并生长到一定高度后，采用割草机割草，将草覆盖或培蔸在油茶树下，也可用作饲草。其实在南方湿润地区，自然生草成本更低，生态多样性更好，在油茶林中除去有竞争性的恶性草，保持油茶行其余草本植被，并任其自然生长，生长到一定高度后，采用割草机割草，将草覆盖或培蔸在油茶树下。这种方式不

图5-15　林地生草

失为一种好的生态经营模式。

2. 林下间种药用黄菊

目前，三华油茶主要采用的是宽窄行种植技术，宽行距离达到4～5m，油茶种植后，一般4年以后才能收获油茶果，这4年几乎没有经济收益。同时郁闭度小于0.5，土地裸露面积大，林下光照条件好，适宜林下种植。既能起到减少林地裸露、改善林地环境的作用，还能充分利用幼林林下空间，获得早期经济效益，实现以短养长，以耕代抚。创新了油茶幼林高效生态经营模式与技术。

通过调查和试种，并与传统的花生、黄豆、红薯等作物比较，中南林业科技大学李建安教授团队选定了适合油茶林下种植的药用黄菊优良品种——黄蕊黄菊（*Chrysanthemum morifolium*）。药用菊花是传统中药材和常见保健饮品，市场需求旺盛，经济效益好。菊花极易繁殖和栽培管理，省工省力，很适合南方丘陵红壤区大规模栽培。黄菊花量大，可采收鲜花600kg/亩，采收加工后可做茶饮包装出售。经测产，油茶行间种植黄蕊黄菊，鲜花产量581.18kg/亩，产出效益（毛利润）3159.82元/亩，是清耕对照模式的5.13倍，获得显著的早期经济效益（图5-16）。

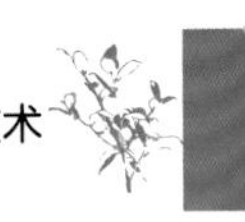

图5-16　间种黄菊

黄菊喜阳忌阴，耐旱怕涝，忌连作，因此在种植中也需要注意一些问题。在育苗方面，黄菊苗易生根且萌蘖能力强，采用扦插繁殖及分株繁殖均宜。扦插繁殖：黄菊采收后，从根部剪去植株，用枝剪剪成5～8cm长的穗条，扦插基质用泥炭土、黄心土及珍珠岩混合而成，温室扦插无需覆膜，15天左右即可成活。分株繁殖：黄菊采收后，从根部剪去植株，在原有黄菊生长部位覆盖稻草。待次年3月初，黄菊即可长出，清明节过后可出苗。在栽培方面，需要选择地势较平缓、土壤条件好、灌溉便利的油茶林间种黄蕊黄菊。采用微耕机在油茶行间垦复两遍，垦复完成后距离树蔸外0.5m，整成宽为1m，高为0.15m的畦，开小穴，施入复合肥种植黄菊，翌年行间生草或不间作。种植当年11月上旬进行第一次采摘，约占总产量的50%，隔5～7天采摘第二次，约占产量的30%，再过7天采收第三次，分三批采完。方法是于晴天露水干后或午后，将花头摘下。加工采用柴火恒温烘干法。

林下间种黄菊采用了节约栽培方式，植苗时施足基肥，平时一般不再追肥。干旱时适度浇水，尽可能减少非必需的抚育管理环节，减少管理用工量，无需使用农药，生产的菊花品质上佳。同时，与纯林经营相比，林下种植黄菊可有效覆盖地表，显著减少了产流量和泥沙量，起到保持水土，改善环境的作用；对黄菊施肥的同时，也间接提高了油茶林地土壤肥力；另外，黄菊凋落物返林也有助于培肥地力。

3. 林下养殖

油茶幼林是不适宜进行林下养殖的，因为家禽活动容易导致苗木损伤。当油茶林形成了基本树形，有一定的枝下高和忍受能力后，可以开展林下养殖。油茶林下空间相对充足，适宜家禽生长和产蛋，家禽活动范围大，免疫力强，营养价值高，安全品质好。林下养殖家禽可有效提高油茶林地土壤肥力，改善土壤物理性质，减少虫害威胁，实现节约化经营，提高茶油产量。同时，油茶林内的杂草、害虫为家禽提供丰富的食物来源，提高家禽产品品质，增加产品附加值（图5-17）。油茶林下养殖对于发展林下循环生态经济，延长油茶产业链，增强企业活力，提高农民收入等，均具有重要的现实意义。

图5-17　林下养殖

林下养殖最常见为家禽。通过多年的摸索和研究，目前已经选择了适宜林下养殖的蛋鸡品种，即大羽蛋鸡“金红一号”和“金粉一号”，其习性较温和、抗病力强，鸡群不伤树体和林地，不使用抗生素类疫苗，实现蛋产品品质优良、林地环境和油茶树体健康。油茶林不宜放养觅食能力强、活动范围广、喜欢飞高栖息、啄皮啄叶的肉鸡品种。在养殖过程中，宜采用分区生草轮养方式在油茶林下开展特色蛋鸡养殖，通过加强林地管理、控制养殖密度（80～100

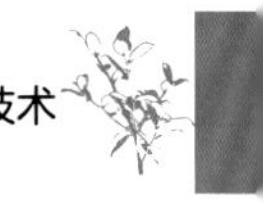

只/亩)、分区生草散养、轮休场地生草、放养加补饲等技术措施，实现了油茶林下特色蛋鸡生态养殖目标。一般情况下，林下养鸡每亩每日产蛋3. 01kg，产出效益是清耕对照的42倍。

4. 其他模式

当前油茶林地进行生态经营模式还有很多，比如套种山稻、油菜等农产品，芍药、吴茱萸等中药材以及其他不影响油茶生长结实的作物。在林下开展养鹅、鸡、鸭等家禽，针对每一种模式，都需要根据当地的实际销售情况、林地情况等进行考虑和探索，以保证项目的实施成功。此外，油茶林多分布在低山丘陵坡地，坡地多且裸露，选择适宜的植物进行生物护坡，能较早实现裸露坡边覆盖，有效减少油茶林地地表冲刷，提高林分固土保水能力。比如根系发达且具有经济利用价值的金银花可以作为油茶梯土护坡植物，试验示范表明，金银花匍匐茎生长快、枝叶量大、藤蔓根系发达，梯土边坡栽植金银花，能较早实现裸露坡边覆盖，栽植一年后对坡面覆盖率可达到44.5%。第二年基本实现坡面全覆盖，可稳固5～10cm厚表土层不受水力侵蚀而崩坡，有效减少油茶林地地表冲刷，提高林分固土保水能力，实现低成本快速生态护坡，改变了普通生物护坡投入较大、效果不佳、无经济利用价值的不足。同时，金银花对土壤含水率、有机质含量、全氮含量等均有显著影响，可有效改善土壤理化性质。

六、病虫害防治

病虫害是导致减产的重要因素，特别是在小年阶段，由于油茶自身营养不足，很容易出现病虫害，加剧油茶减产的现象，大小年之间的产量差距甚至在50% 以上。油茶成林病害主要有油茶炭疽病、软腐病、烟煤病、半边疯、肿瘤病等，虫害主要有油茶象甲、茶梢蛾等，有害植物主要有无根藤、桑寄生、槲寄生和菟丝子等。有害生物综合防治应以营林为基础，物理防治、化学防治和生物防治相结合。营林措施主要有：加强油茶林的抚育管理，提高抵御病虫害的能力；修枝亮脚，剪除病虫枝；更新老残病劣植株；配置诱饵树种和设置隔离带；混交其他树种。防治方法参照《油茶栽培技术规程》(LY/T 1328)附录A和《油茶主要有害生物综合防治技术规程》(LY/T 2680—2016)、《种植用植物有害生物综合管理措施》(GB/T 37803-2019)、《植物有害生物根除指南》(GB/T 27620—2011)执行。药物防治时应符合《农药合理使用准则》(GB/T 8321)的规定。

第六章 采收技术

一、果实成熟标志与采收季节

未成熟的种子与成熟种子含油率差异极大，未成熟提前采收种子，因种子的油脂转化尚未完成，种子含油率可能低于20%。成熟的油茶种子，油脂转化全部完成，种子的含油率可能达到33%以上。果实充分成熟后再采收，是实现油茶丰产丰收的重要技术措施。

油茶果实成熟的主要外部可见标志是果实颜色变化和蒴果开裂。果实成熟时，'华金'果皮颜色由原来的青绿色转变为青黄色，果实开裂，落果；'华鑫'果皮颜色由原来的青黄色变成红色，有光泽，果实开裂，落果；'华硕'果皮颜色由青色变成青黄色，果实不开裂，不落果（图6–1）。

'华硕'

'华金'

'华鑫'

图6–1 三华油茶成熟果实开裂状况

种子成熟的外部形态特征是种子完全变黑，种仁油滴外显，切开种仁，在干白色草纸上涂抹，草纸出现油渍。成熟的'华金'种子呈黄褐色，成熟的'华鑫'种子呈深黑色，成熟的'华硕'种子呈深褐色（图6–2 ~ 图6–4）。

根据油茶种子的成熟期，可将油茶品种花粉分为寒露籽、霜降籽和立冬籽类型（品种群），但不同品种的成熟时间存在一定差异。正常年份，'华金'的

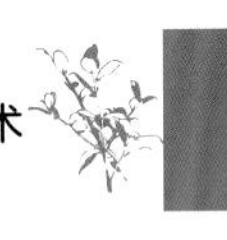

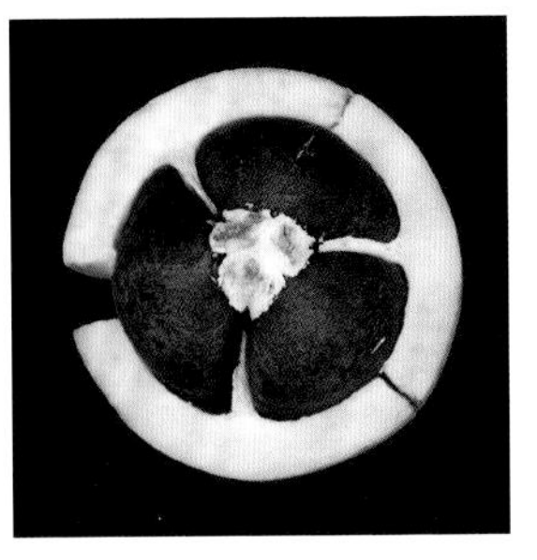

图6-2 ‘华金’种子成熟时色泽

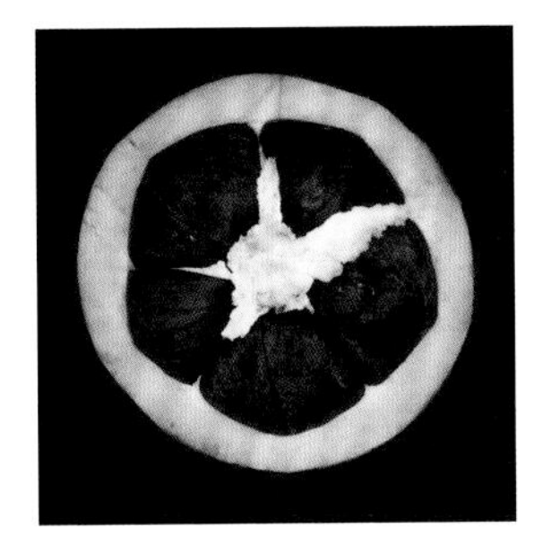

图6-3 ‘华鑫’种子成熟时色泽

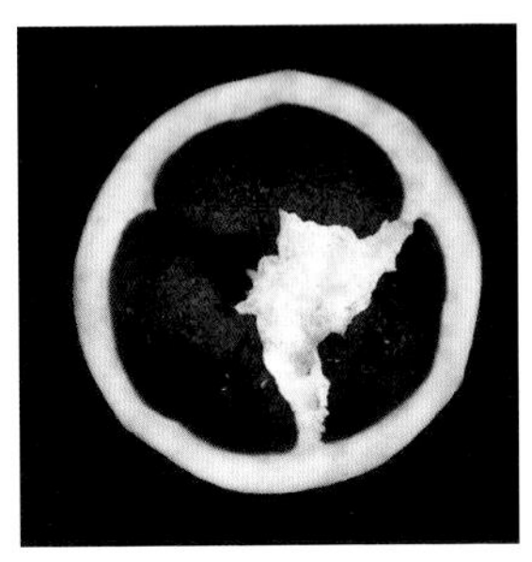

图6-4 ‘华硕’种子成熟时色泽

果实成熟时间是10月19日前后，属于霜降籽，但必须于霜降前几天采收，否则裂果落籽了。‘华鑫’是标准的霜降籽，正常年份10月23日前后成熟。‘华硕’是位于霜降与立冬之间的类型，正常成熟时间是11月1日前后。

三华油茶品种的果实成熟后，种仁含油率高。果实外部成熟的形态标志是指定合理采收时间的重要依据（图6-5～图6-7）。

图6-5 ‘华金’近成熟种仁

图6-6 ‘华鑫’近成熟种仁

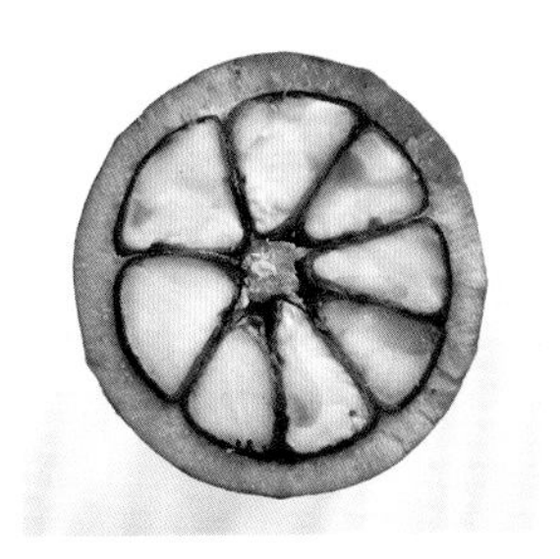

图6-7 ‘华硕’近成熟种仁

二、果实采收方法

油茶果实的采收分为人工采收和机械化采收。相对平缓并按照机械化要求种植的油茶林地，可以实行机械化采收。坡度较大、未按机械化采收要求种植的油茶林地只能实行人工采收。随着经济的不断发展，油茶产业技术水平的不断提升，农村劳动的缺乏和劳动力成本的提升，将逐渐过渡到以机械化采收为主的油茶采摘方式（图6-8）。

三华油茶非常适合机械化采收。目前国内外的果实采摘机械多为震动式。

油茶为花果同期，如果果实较小（全国所有栽培的油茶单果平均约18g），重量较轻，产生的力矩小，摇动的功率大，容易导致花朵受损，影响下年的油茶产量。三华油茶是大果油茶，平均单果重大于50g，产生的力矩大，树干轻微摇动，树上的茶果就容易掉落下来，而且保护了树上的花朵，保证了来年产量不受影响（图6-9）。

图6-8　人工采摘油茶果实（‘华硕’）

三华油茶也适合人工采摘，利于降低人工采摘的成本。一般的油茶，一人一天只能采收100～150kg果实，人工采摘成本达到1.0元/kg。而三华油茶一人一天可采收油茶果实500kg以上，人工采摘成本为0.5元/kg以下。

图6-9　油茶果实机械化采收

附 录

‘华’字系列油茶品种栽培技术规程[①]

前 言

本文件按照GB/T 1.1—2020《标准化工作导则 第一部分：标准化文件的结构和起草规则》的规定起草。

本文件由中国林学会归口。

本文件起草单位：中南林业科技大学、湖南大三湘油茶科技有限公司、湖南天球三华油茶科技有限公司。

本文件起草人：谭晓风、袁德义、袁军、李建安、李泽、周新平、管天球。

1 范围

本文件规定了‘华’字系列油茶品种的专业术语、适生区域、品种配置、造林地选择、整地与栽植、抚育管理、病虫害防治、果实采收等内容和技术要求。

2 规范性引用文件

下列文件中的内容通过文中的规范性引用而构成本文件必不可少的条款。其中，注日期的引用文件，仅该日期对应的版本适用于本文件；不注日期的引用文件，其最新版本（包括所有的修改单）适用于本文件。

GB/T 15776 造林技术规程

GB/T 18894 电子文件归档与电子档案管理规范

GB/T 26907 油茶苗木质量分级

LY/T 1328 油茶栽培技术规程

① T/CSF 024—2021，由中国林学会于2021年12月28日发布并实施。

LY/T 1557 名特优经济林基地建设技术规程
LY/T 2677 油茶整形修剪技术规程

3 术语和定义

下列术语和定义适用于本文件。

3.1 ‘华’字系列油茶品种 cultivar series of *Camelia oleifera* ‘Hua’

由中南林业科技大学选育、经过国家林木品种审定委员会审定的‘华硕’‘华金’和‘华鑫’等3个油茶优良品种。

3.2 ‘华硕’*Camelia oleifera* ‘Huashuo’

由中南林业科技大学选育、国家林木品种审定委员会审定的油茶良种，国家林木品种审定号：国S-SC-CO-011-2009。树姿开张，树冠自然开张形；枝叶稀疏，枝条粗短。超大果，橘形，平均单果重70.78g，最大单果重达145g，果顶具5条凹槽线。花期10月下旬至12月上旬。种子成熟期11月1日前后。盛果期产油60 ~ 80kg/亩。

3.3 ‘华金’*Camelia oleifera* ‘Huajin’

由中南林业科技大学选育、国家林木品种审定委员会审定的油茶良种，国家林木品种审定号：国S-SC-CO-011-2010。树姿直立，树冠圆柱形；枝叶浓密，枝条粗度和长度中等。大果，梨形，平均单果重约49g，果背多具3条凹槽线。花期10月上旬至11月下旬。盛果期产油55 ~ 80kg/亩。种子成熟期10月19日前后，成熟时蒴果开裂。

3.4 ‘华鑫’*Camelia oleifera* ‘Huaxin’

由中南林业科技大学选育、国家林木品种审定委员会审定的油茶良种，国家林木品种审定号：国S-SC-CO-009-2009。树姿半开张，树冠圆柱形；幼树枝叶较稀疏，枝条细长。大果，扁球形，平均单果重约47g，成熟时红色，有光泽；花期10月上旬至11月下旬。盛果期产油60 ~ 90kg/亩，种子成熟期10月23日前后，成熟时蒴果开裂。

4 适生区域

3个品种适宜在湖南、江西、湖北、安徽、贵州、重庆、四川、广东北部、广西北部、河南南部等南方油茶主产区栽培。

5 品种配置

5.1 ‘华金’‘华鑫’配置方法

配置1：‘华金’：‘华鑫’=1：1。

配置2：‘华金’：‘长林53’=1∶1。

配置3：‘华鑫’：‘XLC5’=1∶1。

5.2 ‘华硕’‘衡东大桃2’配置方法

配置1：‘华硕’：‘衡东大桃2’=3∶1。

配置2：‘华硕’：‘衡东大桃2’=1∶1。

6 造林

6.1 造林地选择

参照LY/T 1328执行。

6.2 规划设计

按满足轻简化、机械化作业及水肥一体化设施的要求，施行宽窄行配置的形式进行科学规划设计和栽植（见正文图3-10、图3-11），密度为60株/亩～82株/亩。

6.3 整地

在坡度小于15°的缓坡地丘陵采用全垦，株行距为宽窄行。坡度超过15°，按3.5m或者4.0m环山水平开梯，外高内低，具体整地技术参照GB/T 15776和LY/T 1557执行。

6.4 挖穴与撩壕

按株距2.8m定点开穴或按行距进行撩壕，穴规格宜60cm×60cm×60cm以上，撩壕规格宜60cm×60cm以上。

6.5 施用基肥

定植前20～30d在种植穴中施放有机肥5kg，并与表土拌匀回填。

6.6 种苗选择

宜选择地径0.8cm以上、苗高0.8m以上3年生轻基质容器苗造林，其他参照GB/T 26907执行。

6.7 栽植

6.7.1 栽植季节

根据栽培区域选择栽植季节，中心栽培区油茶栽植在冬季11月下旬到次年春季的3月上旬均可，最适时期是2月上旬至下旬。云南、广西等地宜选择雨季造林。

6.7.2 栽植方法

栽植时去除不可降解的容器杯。将苗木放入穴中央，扶正苗木，边填土边压实。栽后宜浇定根水，覆盖树盘。对未成活的苗木，选用同品种苗木及时补植。

7 抚育管理

7.1 幼林抚育

7.1.1 除草

种植后，前3年的幼林期应及时中耕除草，扶苗培蔸。松土除草每年夏、秋各1次。

7.1.2 施肥

施肥一年两次，春施尿素50g/株～100g/株，冬施速溶性高效复合肥100g/株。

7.1.3 间套种

间套种豆科类矮秆经济作物、药材等。选用黑麦草、百喜草等草种进行生草栽培。夏季和秋季各割草1次。

7.2 成林管理

7.2.1 除草

夏季及时除杂草，秋季割草1次。

7.2.2 施肥

大年以磷钾肥、有机肥为主，小年以氮肥和磷肥为主。每年采果后沟施复合肥0.5kg～1.0kg/株或有机肥1.0kg～3.0kg/株，并覆土压实。

7.3 整形修剪

7.3.1 整形

‘华硕’：培育自然开心形树形。

‘华金’：培育自然圆柱形树形。

‘华鑫’：培育自然圆头形树形。

7.3.2 修剪

参照LY/T 2677执行。

8 病虫害防治

参照LY/T 1328执行。

9 果实采收

‘华硕’宜在10月底至11月上旬采收。‘华金’宜在10月中下旬采收。‘华鑫’宜在10月下旬采收。

10 档案管理

参照GB/T 18894执行。